石库门与江南民居

SHIKUMEN AND JIANGNAN
TRADITIONAL HOUSES

A Study on the Traditional Architectural
Elements of Shanghai Shikumen

上海石库门传统建筑元素探源

陆中信 著

同济大学出版社·上海
TONGJI UNIVERSITY PRESS · SHANGHAI

序

一

近年来对具有地域特色的上海石库门住宅的研究很热，已经超越了专业领域而成为社会学的现象。关于它的起源众说纷纭，专业内外各抒己见。

陆中信先生不仅出生并生活在最具特点的石库门里弄，而且长期在上海市房地产行业工作，岁月的印迹使他由了解升华为热爱，他十几年来观察、了解、研究并撰写了诸多关于石库门旧式住宅、里弄和空间的文章。

本书做了大量的调查研究和引经据典，阐述了石库门住宅的建筑形态以及与江南民居的渊源，通过案例详细地分析和论证了其与上海周边（从皖南、浙西、浙东到苏南、浙北）民居住宅的特征和文化关系，反映出作者全面深入的洞察力，特别是筛选出的照片实例尤为珍贵，无论给专业人士还是热爱石库门建筑的人们都提供了一个全新的视角。

曹嘉明
中国建筑学会副理事长
上海市建筑学会名誉
理事长

序

二

娄承浩
上海石库门文化研究
中心专家
上海市建筑学会历史
建筑专业委员会顾问

陆中信先生，一家房地产开发公司的副总经理，高级经济师，退休后发挥余热，仍然关心住宅建筑，尤其是上海的石库门住宅。我阅读过他的著作《时间的居所——上海老城厢历史民居》，他曾经居住在上海老城厢四十余年，在书中介绍并分享了他的所见所闻，很接地气。

时隔数年，他心系上海老城厢，一直在不断调查、考察，这次又写了《石库门与江南民居——上海石库门传统建筑元素探源》一书。本书不但讲石库门单体的前世今生，而且讲为什么会出现石库门住宅，原来自建自用的石库门住宅为什么会发展为商品化的石库门里弄，此外，还分析了石库门建筑的平面和立面特色，以及石库门与江南民居的渊源和演变。从介绍石库门住宅发展为研究石库门住宅，上了一个新台阶。

研究石库门建筑，一种是学者型，从大量历史文献资料中去寻找论据，然后在分析研究基础上验证论点。陆先生来自第一线房地产开发公司，又曾长期居住在上海老城厢，他的研究路径是先收集实例，重在调查，及时拍摄大量照片，然后分析研究。他考察与上海石库门住宅渊源相关的江苏、浙江、安徽等地民居，分析它们之间的联系和影响，因为研究的起点高，视野广，又有以上海老城厢为主的丰富的石库门住宅素材，所以成果丰厚。

我是书稿的第一读者，特向大家推荐这本书。

前言

《黄帝宅经》说"宅以门户为冠带",石库门就是条石门框（大多有砖砌门罩），加上两扇乌漆厚木门和门上一对门钹（门环），是墙门的一种形式，苏州、宁波一带俗称库门，常见于江南传统民居。1860年左右出现的类似江南传统民居立帖式木结构，基本平面形态为三合院、四合院或H形的近代住宅，因为大门采用了石库门的样式，所以被称为石库门住宅。在传统建筑中，门是一种建筑标签，就如绍兴把传统合院民居称台门，宁波把传统合院民居称墙门，上海则把带有石库门的住宅简称为石库门。

同济大学李彦伯副教授说："如果我们要考察开埠时乃至开埠前的上海建筑什么样，那么，最有代表性的，无疑就是老城厢。从建筑类型学来说，它具有独特性。从老城厢中，我们可以看到上海城市连续渐变的光谱——江浙民居到了上海以后如何变成城市版本，在租界出现以后，上海如何有了里弄的雏形，有了最早的中西合璧的石库门。"（2016.9.27《上观新闻》）本书主要以上海老城厢石库门住宅为例，解读石库门传统建筑元素与江南民居的渊源。

1

1 **早期江南民居风格**
　和顺街53弄6号、亭桥街
　14弄1号、金家坊270号
2 **中期巴洛克风格**
　乔家栅36号、金家坊169
　号、篾竹路210号
3 **晚期装饰艺术风格**
　大境路97弄开明里、俞家
　弄187弄2号、尚文路133
　弄龙门邨105号

2

3

石库门住宅是近百多年来上海的主流民居，至1949年，城区范围内1242万平方米的旧式里弄中，石库门约占70%，这还不包括为数不少的独立石库门，石库门内居住着一半以上的市区人口。进入21世纪，随着城市更新的不断推进，列入旧式房屋的石库门住宅逐步退出历史舞台。但是，作为一种最具本土特色的民居建筑，石库门曾经承载了几代上海人平凡或跌宕起伏的生活经历，在上海的发展史上有着举足轻重的历史价值。其中的一些作为建筑遗产被保护利用，或修缮后继续作为市民居所，或改造后成为商业或文化产业街区，而那些消失的石库门也将成为城市记忆的重要组成部分。无论是在建筑领域还是在文化领域，石库门仍然是一个令人感兴趣的话题。

目

录

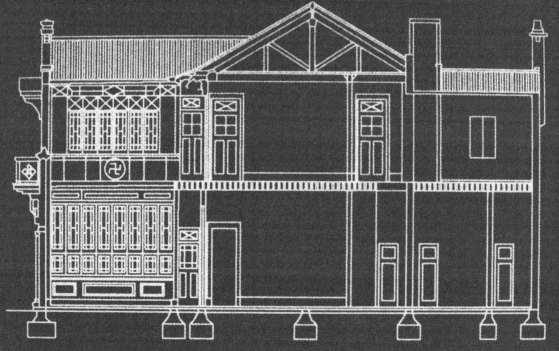

刘源绘

石库门住宅可以分为里弄和单体，但最早出现的石库门样式的民居应该不是石库门里弄，石库门里弄是江南传统民居和西方联排住宅结合的产物。

石库门里弄与石库门单体

石库门住宅可以分为里弄和单体，但最早出现的石库门样式的民居应该不是石库门里弄，石库门里弄是江南传统民居和西方联排住宅结合的产物，根据目前可见的书证，始于英国地产商的商业开发。王绍周、陈志敏在《里弄建筑》一书中说，里弄住宅"由原来分户分散自建单幢住宅过渡到多幢联列集居方式。是在传统建筑的基础上，为适应新的生活内容而吸收欧洲联排式房屋的布置格局，再加上其他地方的影响因素，就形成了一种新格局"。该书认为：上海里弄式住宅起源阶段始于清咸丰三年（1853年）小刀会起义和1860—1862年太平天国战乱，四乡及江浙等地士绅商人涌入上海租界，木板里弄房屋随之急剧发展，其总体排列搬用欧洲联排住宅形式，成为上海里弄街坊的雏形。"1870年左右出现老式石库门住宅（笔者注：老式石库门里弄），其总体仍采用欧洲联排格局，单体平面及结构脱胎于我国传统民居三合院、四合院的形式，最早出现在租界。""其大门入口、门窗装饰以及山墙处理等，无不受民间传统建筑的影响，外观呈江南传统民居形式。"此书由陈从周审阅，罗小未指正，具权威性。又，《申报》1946年10月21日一文载："上海住屋，最普通的是里弄，此从中国旧式房屋演变而来的。旧式建筑，都是几间连成一列，小的三间，大的五间七间，宫殿一列多至十三间。上海房屋，即就旧式修改，客厅、卧室、厨房、天井，应有尽有，又有单独的门，可以进出。自成单元最早的建筑，大多是两幢或三幢，连成单元，所谓'石库门'者是。"所以，最早的石库门住宅应该是独栋单体或独栋连体。之后，英国人最早在租界建造了多栋多单元联立式石库门集群，称里弄，这样的里弄住宅既规整又符合中国人传统的居住习俗，无论在租界还是华界都成了上海当时的主流住宅。

1

1　老城厢体量最大的石库门
　　（光启路 78 弄庆安坊，单体三层三单元，
　　原为青砖墙体镶嵌红砖条纹）
2　老城厢大型石库门里弄
　　（大境路 97 弄开明里）

2

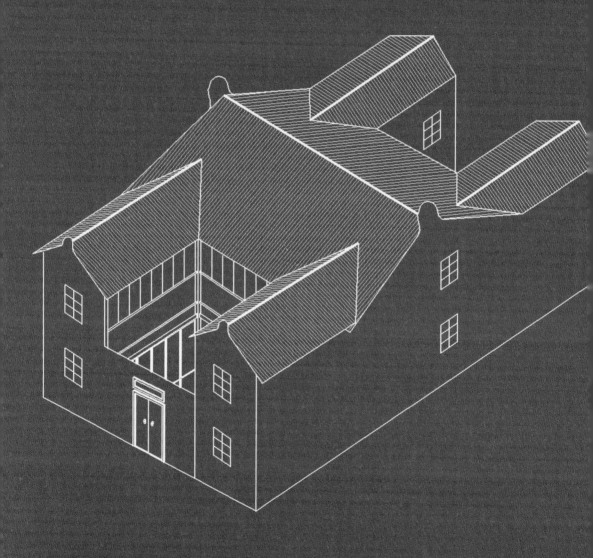

夏雨绘

城厢的概念始于明嘉靖三十二年（1553年）城墙的建造，但其成为市镇的历史可以追溯到北宋，经过多轮发展，老城厢在上海开埠前后已经基本发展成形，传统民居呈江南民居多种形式。在历史文化的沿袭和原有空间格局等多重影响下，老城厢石库门的建筑形态显得更为丰富。

2

老城厢石库门住宅
的建筑形态

城厢的概念始于明嘉靖三十二年（1553）城墙的建造，但其成为市镇的历史可以追溯到北宋，经过多轮发展，老城厢在上海开埠前后已经基本发展成形，传统民居呈江南民居多种形式（见第 3 章中的"上海民居"小节）。

同治年间石库门住宅兴起，由于老城厢土地资源稀缺，业主往往利用老宅基地或购买隙地的方式来建造。当时华界不受租界当局有关中式房屋包括石库门营造的章程和法律条文的约束，如法租界公董局早在 1895 年制定的《房屋建造的规定》和公共租界工部局 1900 年 10 月制定的《中式建筑规则》及此后多次发布的建造规章。尽管 1928 年华界曾公布《上海特别市暂行建筑规则》，但无力执行。到 1937 年公布《上海市建筑规则》，老城厢除棚屋外已少有石库门住宅建造，即使有约束，主要是针对沿街房屋。又因为老城厢庞乱的街道肌理和复杂的产权关系，所以老城厢的石库门住宅较少有商业开发，虽然也有集中的里弄形式，但栋数少，有一定规模的里弄屈指可数，而分散的单栋形式占了半壁江山。有统计，老城厢 20 个以上门牌号码的石库门里弄仅占全部石库门里弄的 5% 左右，只有两个门牌号码的一栋房子也可称为"里"，如静修路 79 弄三乐里，其实是一栋五开间二单元石库门（20 世纪 50 年代后门牌号改为 79 弄 6、7 号）。由于上述原因，造成了老城厢石库门建筑形态多样、建筑装饰各异、建筑尺度混乱、建筑间距逼仄等特点。虽然老城厢许多石库门住宅的建造欠缺章法，但与租界和华界的其他地方相比，建筑空间却显得更为丰富。下面以航拍平面图及立面拍摄图来看老城厢石库门住宅建筑形态的多样性。

平面形态

从平面形态来看，石库门住宅的要素包括：天井、正房、厢房、晒台、屋顶及单元、开间、进深、朝向、体量等，有些早期石库门住宅后天井有披屋。集合式联立石库门住宅即石库门里弄还包括建筑密度、里弄骨架等要素。

1）开间

开间在古建筑中称面阔，开间可以衡量石库门住宅横向体量的大小。以单体石库门住宅为例，有二开间、三开间、五开间，五开间一般见于早期石库门住宅。开间与联立石库门住宅的单元是两个概念，

联立式石库门住宅可以是一开间一个单元，也可以是两个或三个开间一个单元。但单体石库门所指的开间无论是几开间就是一个单元。如果是一户人家居住，即所谓独栋独户。江南合院民居的开间也是以二、三、五开间为主，也有七开间甚至九开间的，但在石库门住宅中未见。

二开间

 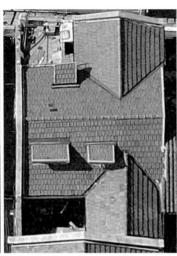 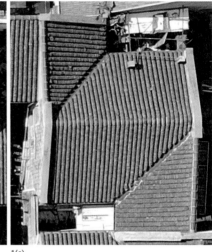

1(a)　　　　　　1(b)　　　　　　1(c)

三开间

1 （a）府谷街 34 弄 5 号
　（b）金家坊 47 弄 33 号
　（c）南孔家弄 4 弄 2 号

2 先棉祠街 59 号

2

1

1 红栏杆街 55 号
2 万竹街 41 号
（a）民国颜料商赵竹林旧居原貌，
约建于 1920 年，大门为传统小青
瓦披檐式
（b）重建后新貌

2(a)

2(b)

2）天井

天井一词出于典籍，如《孙子兵法》就有天井的提法，原指四周高、中间低的地形。《八宅明镜》中说："天井乃一宅之要，财禄攸关。"庭院之制是中国传统合院民居特有的制式，在江南则被称为天井式民居，因为江南民居的天井普遍比北方民居的庭院小，特别是徽派民居，天井被四周房屋或院墙包围，成了建筑本身的内部空间，人在其中犹如"坐井观天"。

天井是石库门住宅必不可少的组成部分。在传统建筑中，"进"可以指一列房屋也可以指一个天井，一般按房屋计。天井的大小和数量反映了石库门住宅的体量和进深。早期石库门的平面形态为传统三合院式，一般情况下，有前后两个天井，

前天井接近正矩形，后天井为通长形，因为建有单层附屋，显得非常狭窄。但也有无后天井的石库门住宅，既无披屋也无后厢房、亭子间和晒台，这可能是因为地块前后间距小，没法设后天井与后屋，或者是因为辟路被拆除。石库门住宅中L形平面也较多见，有的有前后天井，有的没有后天井。四合院式石库门住宅的大门不管开在正面还是侧面，进去都是墙门间，天井被房屋包围。早中期标准的三间间两厢H形石库门住宅是前后厢房夹持两个天井，中晚期石库门住宅特别是联立式石库门住宅的后天井往往呈单边矩形或包围矩形。

老城厢石库门住宅也出现了三合院、四合院前后串联等多进数个天井的形态，甚至多达四进七天井，这正是对江南传统多进民居形式的传承。

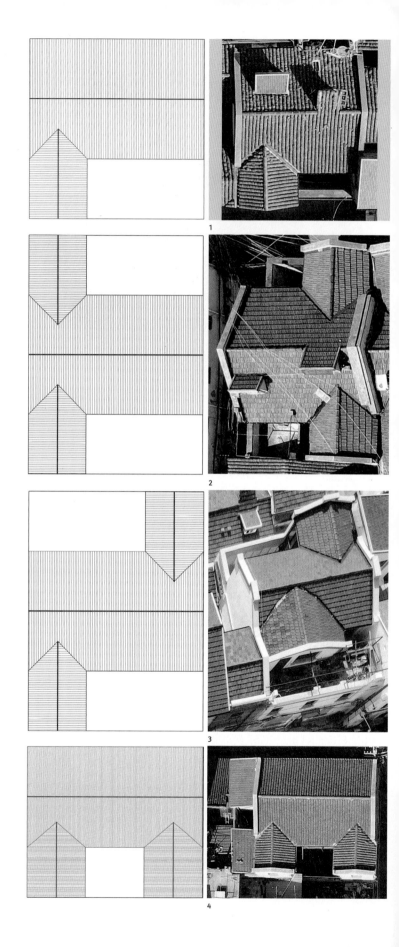

1 福佑路徽宁里 13 号
2 红庄弄 15 号
3 梅溪弄 36 号
4 北孔家弄 50 号
5 曹家街 45 号（通长后天井）

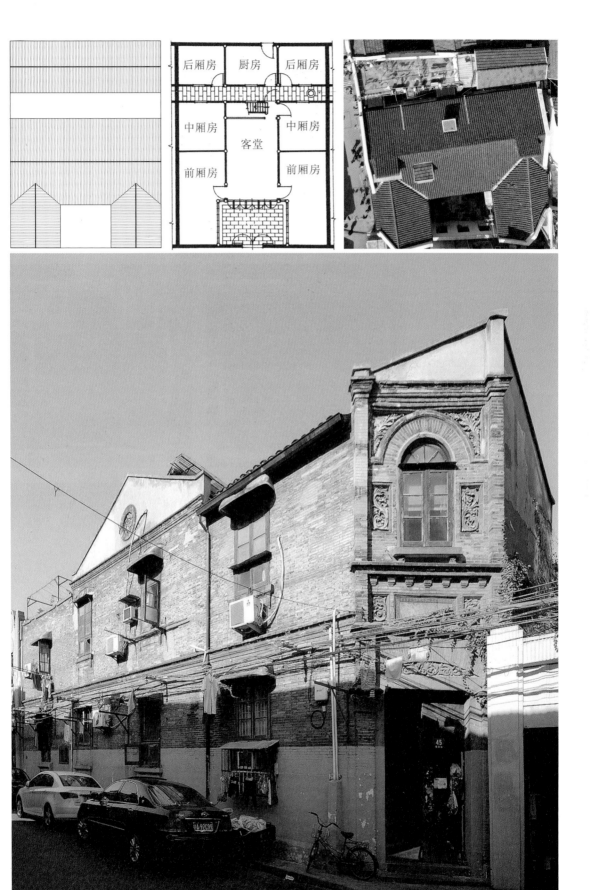

后厢房　厨房　后厢房

中厢房　　　　中厢房

客堂

前厢房　　　　前厢房

平面图中标注：

后厢房 厨房 后厢房

后天井

中厢房 上 中厢房

前厢房 客堂 前厢房

天井

1 花草弄 44 弄 3 号
2 丹凤路 133 号
3 倒川弄 83 号（无晒台）
4 东江阴街 226 号（后天井大）
5 贻庆街 12 号（单边小后天井）
6 房屋包围后天井一层平面图
7 福佑路徽宁里 11 号（房屋包围后天井）

1 面筋弄 10、18 号
2 面筋弄 18 号

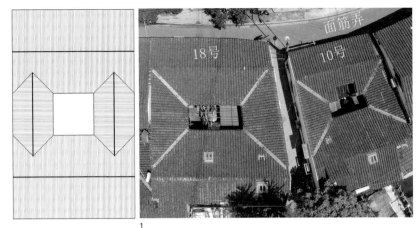

1

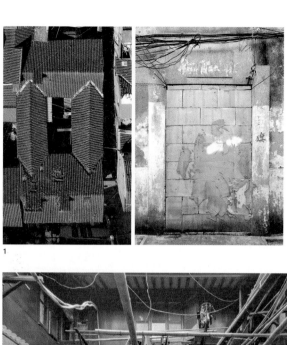
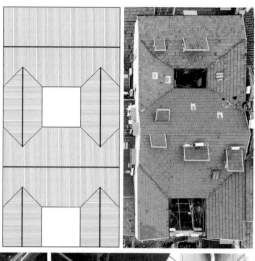

1

2

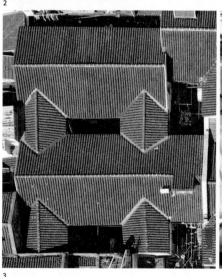

3

石库门平面图绘制：夏雨

4

5

1

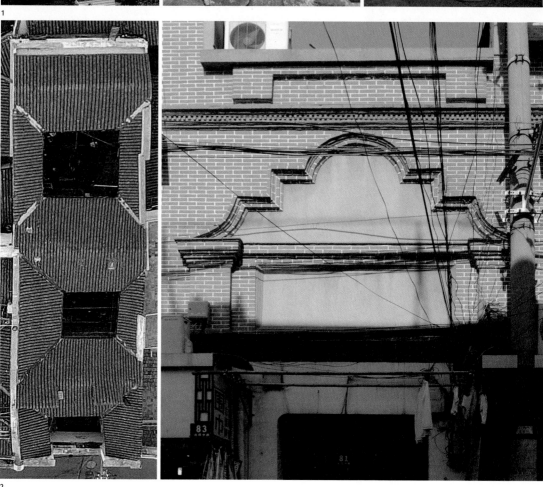

2

1　小石桥街 25 号（二进形态，
　　厢房在第二进后面）
2　方浜中路 81 号（三进三天井）

1　乔家路 74 号杨宅（二进三天井）
2　乔家路正立面
3　俞家弄南立面
4　口字形晒台，中为天井，老城厢仅见一例

1 学西街 19 号方宅（三进四天井）
   上右：前楼内廊设木罗马柱
   下：廊轩和内轩
2 学西街 19 号方宅（二进和三进间西式
   券门，已封闭）

梧桐路 121 号袁宅（四进七天井，天棚中间
是双面仪门。除航拍图外均为周正摄）

3）厢房

厢房古已有之，人们熟知的元代王实甫的杂剧《西厢记》和清代李汝珍的小说《镜花缘》中都出现过"厢房"一词。厢房是石库门住宅重要的组成部分，老城厢石库门住宅的厢房可分为单边厢房（L形和T形）、两边平行的双边厢房（Π形、H形、口形）、前后两边分列厢房（冖形）及其他混合形，联立式石库门住宅有的仅一端或两端有厢房。因为厢房位置的多样性，所以许多石库门住宅并不呈标准的H形。

1 西马街 42、44 号
2 木桥街 18 ～ 26 号
3 金家坊 169 号
4 吉祥弄 72 号
5 大夫坊 95 弄 1 号
6 梦花街匡居 4 ～ 6 号

· 单边厢房

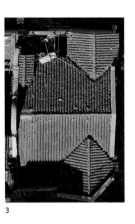

1

2

3

· 不对称厢房

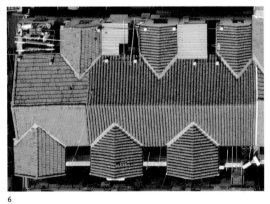

4

5

6

1 望云路 136 弄 3 号
2 宝带弄 56 弄 16 号
3 梦花街龙福坊 60 号
4 小石桥街 79 弄 19 号（有过街楼）
5 北孔家弄 34 号（后厢房屋顶为晒台）
6 庄家街 87 弄 4、6 号（前厢房封火墙
　之间为过街楼）

4）屋顶

江南传统民居都为坡顶，但厢房屋顶有单双坡之分，单坡屋顶多见于皖南、苏州等地。石库门住宅亦然，正屋屋顶都是双坡顶，厢房屋顶有单坡也有双坡，还有单双坡混合的，早期石库门的厢房屋顶有许多是单坡的，主要分布在城厢东部。因为砖混结构的出现，中后期石库门住宅的厢房也有采用平顶的，可用作晒台。不少石库门住宅有三层阁，于是有了老虎窗，早中期石库门住宅的三层阁和老虎窗多数是住户自己搭建的，样式不一；晚期联立式石库门住宅的三层阁和老虎窗一般为原设计，样式规整统一。

· 单坡厢房屋顶

1

2

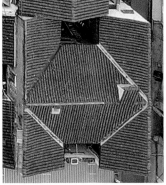

3

1 望云路 176 弄 7 号
2 木桥街 28 弄天顺里 3 号（晚
　期石库门）
3 丹凤路 105 号

· 双坡厢房屋顶

· 单双坡混合厢房屋顶   · 有老虎窗的屋顶

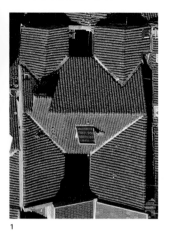

1

2

3

5）单元

中国传统的居住方式因受宗法宗族思想的影响，往往以血缘关系毗邻而建，毗邻而居，有的房屋因而形成联排样式，每户称为间，也就是单元。一座石库门住宅可以是独立的一个单元，也可以是多个单元联立，一个单元可以是一个开间也可以是两个以上开间，数栋联立石库门住宅以成片行列式排列就形成了里弄。以前，里弄内联立住宅的一个单元有些是一户人家居住的，这与独栋独户不同，叫独门独户。

· 一单元

5(a)

1 梧桐路 109 号
2 蓬莱路 409 弄 1、2 号
3 金家坊 133 ～ 141 号
4 复兴东路 927 弄
5 望云路 136 弄 9 号（早期石库门）

4

5(b)

· 二单元

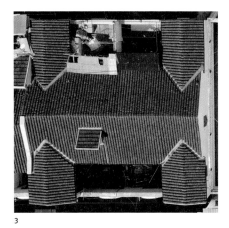

1

2

3

· 三单元

4

5

1 福佑路徽宁里 7、8 号
2 吉祥弄 63、65 号
3 县左街 65 弄 10、11 号
4 蓬莱路 402 弄 1～3 号
5 尚文路 133 弄龙门邨 26～30 号

· 四单元

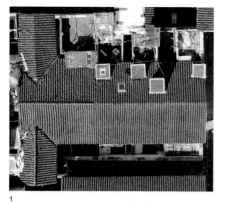

1

1　梧桐路沛国里 10～13 号
2　庄家街 84～98 号
3　孔家弄 81～89 号
4　曹市弄 15、23、33、39 弄四、八、
　　十单元

2

· 五单元　　　　　　　· 多单元

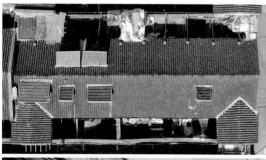

3

4

6）里弄骨架

里和弄可以追溯到我国古代，诗经《郑风·将仲子》："将仲子兮，无逾我里。"毛注："里，居也。二十五家为里。"古又有"五家为邻，五邻为里"，亦即二十五家。弄，巷也，本作衖。祝允明《前闻记·弄》："今人呼屋下小巷为弄……俗又呼弄唐，唐亦路也。"上海老城厢也一直把小路称"弄（衖）"，还把"弄"作为弄堂（里弄）的门牌号，如篾竹路194弄三和里、光启路78弄庆安坊等。里坊二字古已有之，出

自里坊制，三国至唐盛极，是一种城镇格局和管理制度，石库门里弄效仿之，也以里坊称，但并无里坊制的含义。老城厢成规模的石库门里弄较少，两个门牌号的单体石库门以里坊称的为数众多，如上例三和里、安庆坊，较大型的石库门里弄以里称为多，如开明里、三在里。里弄平面形态以单边弄堂或曲尺形弄堂为多，比较大型的则有总弄和支弄，呈鱼骨状或网格状，有的呈不规则状。梦花街三在里骨架极其规整，共139个门牌号，共8842平方米，为老城厢大型的石库门里弄之一。

· 里弄骨架

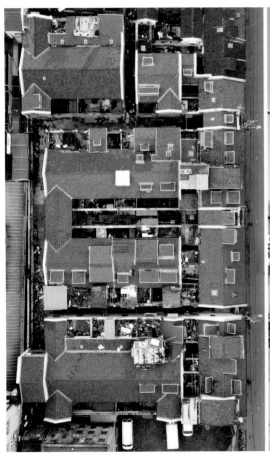

光启南路362弄懋裕里（曲尺形）

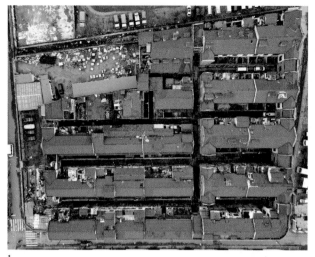

1

2

3

1

4

5

1 大境路 97 弄开明里（不工整的鱼骨形）
2 蓬莱路 303 弄普育里（工整的鱼骨形）
3 蓬莱路 303 弄普育里（总弄和支弄）
4 蓬莱路 409 弄一德里（弯曲的鱼骨形）
5 梧桐路硝皮弄安仁里（无规则）
6 梦花街 105、123 弄三在里（网格形）

6

7）建筑密度

从比较完整的以早期石库门住宅为主的梧桐路片区和以中晚期石库门住宅为主的金家坊片区航拍图来看，老城厢石库门住宅的建筑密度极高，大概在85%左右，这与土地资源稀缺，无序建造有关。不少独栋石库门住宅的建造更是见缝插针、逼仄密集，这在老城厢的东南部表现得尤其明显。因为老城厢是从河埠型市镇发展而成的，旧时河浜众多，谓之"有舟无车泽国"，历代填河筑路形成了不规则的街道基本骨架，街道如织，其初一般街巷"宽只六尺左右"，这与江南水乡古镇的空间肌理极其相似。所以，不仅非里弄住宅片区内的有些小弄堂宽不足三尺，即使是里弄住宅，空间同样局促。如梦花街三在里，总弄和支弄都极其狭窄。而外部公共空间也仅为小街小弄，几无户外公共活动场地、公共绿地和行道树。

1 梧桐路丹凤路片区
2 金家坊片区
3 东梅家街片区（高密度的单体石库门）
4 静修路114弄三在里（极窄的总弄）

· 建筑密度

1

方浜中路

金家坊

肇方弄

翁家弄

翁家支弄

翁家弄

复兴东路

祥弄

2

东梅家街

大夫坊

3

4

8）特殊的平面形态

一是由于地形、位置、相邻关系因地制宜建造而成，或是因为增建乱筑，造成了房屋形状不规整。二是模仿了古建筑的某些样式，比如厢房小天井多见于苏南、浙东民居。

· 地形、位置、相邻关系、增建形成的特殊形态

1 黄浦少年路 29、30 号（三角形地块形成"纸片楼"）
2 小桃园街 30 弄 2 号（为原有房屋留空间）
3 红栏杆街 50 弄 1～2 号（西后厢房侧或为增建）
4 肇方弄萃思坊
5 黄山黟县关麓
6 翁家弄 97 号
7 苏州东山杨湾
8 光启南路 154 弄 21 号

· 模仿古建筑样式
　附房与天井

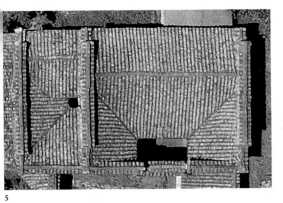

5

6

· 抱厦

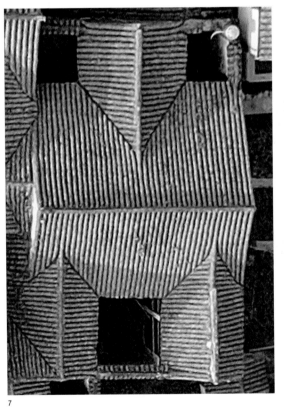

7

8

· 厢房与正屋不完全搭接

1

2

· 厢房小天井

3

4

1 宁波慈城
2 庄家街 58 号
3 吴江盛泽
4 蓬莱路 267 号

9）小结

综合以上几个方面，以天井为视角来观察，不计异形，以厢房双坡为例，老城厢石库门住宅的平面形态主要可分为 10 种（见第 2 章"平面形态"小节之"2）天井"中石库门平面图），在江南传统民居中都有实例。

立面形态

从立面形态来看，以三合院式为例，石库门住宅的外立面特征主要表现在大门、山墙和外墙窗，内立面特征主要是以前天井为中心的由客堂、前楼、厢房和院墙（四合式称墙门间或门屋）组成的空间和装饰。本节通过比对方式来展示和阐述江南民居传统建筑元素在石库门住宅中的体现。

门是石库门住宅的建筑符号，中国人视门为一户人家的面子，清李渔《巧团圆·惊妪》："这一所门面高大，定是个乡宦人家。"宁波有俚语："戗笆对戗笆，库门对库门，墙门对墙门。"意思是"门当户对"，戗笆属于贫寒人家，库门属于殷实人家，墙门属于大户人家。石库门住宅大门的样式早、中、晚期各异。早期石库门住宅的大门与江南传统民居中的普通住宅无异，纯条石门框或有简单的砖砌或砖雕压顶。中期门头装饰为巴洛克风格。晚期门头装饰趋于简约，出现了装饰主义风格。石库门住宅中大门的门头匾额、花格子外门、腰门和弄堂口门楼以及券门、仪门等无不受江南传统民居建筑的影响。甚至在中期石库门住宅中，有些巴洛克风格的门头仍有宅名、吉语、代表身份的匾额。仪门在早、中期石库门住宅中并不罕见，石库门里弄中有仪门的住宅一般都为其中的大宅，被称为公馆，有些是建造人自用。

· 大门

1

2

· 花格外门

3

4

· 腰门

5

6

1 吴江震泽
2 静修路 101 号
3 黄山黟县屏山
4 北孔家弄 34 号
5 兰溪诸葛八卦村
6 露香园路 71 弄 10 号

1

2

3

4

· 简单的砖雕压顶

5

6

1 嘉善西塘
2 青龙桥街 100 号许宅
3 嵊州崇仁（清咸丰）
4 吴家弄 7 号
5 吴江盛泽
6 浙江中路 607 弄洪德里（原貌有改变）

1

2

1 吴江黎里（门楼）
2 福建中路 509 弄福和里门楼（1905）
3 宁波韩岭古村
4 西马街 30 弄静远里（与传统民居
  仪门的兜肚、字匾形式相仿）
5 宁波老城牌楼（明）
6 尚文路 133 弄龙门邨

3

4

5

6

1 定海蓝府仪门（清）
2 建国西路步高里

1　苏州山塘街吴一鹏故居
2　望云路 136 弄 10 号
3　西马街 31 号（乐建成摄）

券门在传统民居中既有间隔和装饰的作用，也有实用功能，有的就是骑楼下通道的门洞，始建于明代的南浔沿河百间楼，由券门和廊棚组成了一道美丽的风景线。券门在石库门弄堂中也有应用，大多用于总弄和支弄间的间隔，有传统样式风格，也有中西结合风格或装饰主义风格。

过街楼在古民居中原本是大户人家在巷子两边建造多座房屋，作为通道之用，也有作为主屋与附屋连通的走廊，石库门住宅以此为样用作弄堂口和弄堂内的过街楼。

山墙既为与邻里的隔离，又有防火和美化的作用，因为呈三角状，形如古文字之山字，故称为山墙。江南传统民居的山墙分为人字山墙、马头山墙和观音兜山墙。人字山墙顾名思义呈人字形，又称硬山尖，现存石库门住宅中大多为人字山墙。马头墙又称封火墙，徽派民居中最多采用，并影响到江浙和其他地区。马头墙分二到五阶，其样式有印斗式（脊座如官印）、朝笏式（脊头如古代官员上朝之执笏）、鹊尾式（脊头如喜鹊尾巴）等。五阶马头墙称五岳朝天，有显赫之意，石库门住宅中现仅见于建国西路的建业里。浙江中路607弄洪德里原为三阶马头山墙，改建后被拆，只能在复原图上看了。但从晚清《点石斋画报》中可见早期石库门住宅大多用的马头山墙。观音兜则有祈福的含义，按中国古代哲学思想五行学说分金木水火土五种式样，苏浙传统民居中多有出现，也出现在石库门住宅中。有研究者认为源于宁波石库门住宅的带肩观音兜为巴洛克风格的舶来品，但在宁波永寿街叶机宅发现有带肩观音兜。叶机（1764—1824），岱山人，嘉庆年任上海知县，道光年任高邮知州。此宅原系清康熙二十年(1681)副贡官、长乐知县陈明府宅第，那么，所谓带肩观音兜由西方传入并不可靠。惜石库门住宅中原汁原味的传统马头墙和观音兜已难觅踪影，其变形往往带有西方风格。

· 过街楼券门

1
2
3

· 过街楼

5
6

1　徽州区呈坎
2　北孔家弄（形式相同：过街楼、字匾、券门，券门有西方建筑元素）
3　黄山黟县卢村
4　梧桐路安仁里
5　嵊州崇仁（清中期）
6　复兴东路 927 弄
7　吴江盛泽
8　孔家弄 31 弄

4

7

8

·人字山墙

1

2

·马头山墙

3

4

5

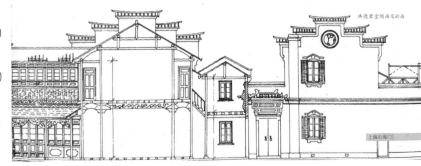

6

7

1

2

· 观音兜山墙

3

4

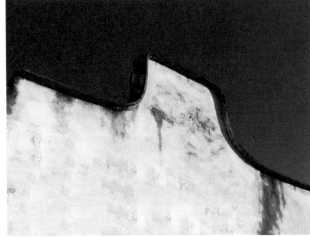

5

6

1 宁波奉化岩头村（五马头墙）
2 建国西路建业里（五马头墙）
3 宁波慈城（金星观音兜）
4 吴江盛泽（木星观音兜）
5 吴江盛泽（火星观音兜）
6 吴江盛泽（土星观音兜）
7 浦东新场石库门（木星观音
  兜山墙）
8 宁波永寿街叶宅带肩观音兜
  （清）
9 金家坊 168 号
10 金家坊 175 号

7

8

9

10

1

2

1 苏州五爱巷潘宅带肩观音兜（清）
2 大境路 97 弄开明里

外墙窗在早年的传统民居山墙面一般不设，徽派民居中厢房面设小窗，大约从清代中叶开始山墙面才有设窗，苏浙民居的外墙窗比较大，呈矩形。弧形和条形窗檐的样式在江南各地传统民居中稍有不同，在石库门住宅中较多应用。

界石是石库门住宅地界的标记，一般设在正立面墙角，表示与邻屋的分界线，上雕阳文或阴文堂号和业主姓氏，其广泛应用也是受了江南民居的影响。

天井作为一种建筑空间普遍存在于江南传统合院民居中，其作用是空气流通、采光和提供活动场地。江南民居往往以天井为中轴线布置，使得天、地、屋、人在空间中融为一体，体现出中国传统文化中天人合一的哲学思想。天井的空间界面一是院墙，作为围护墙，石库门住宅与江南传统民居一样，其作用是防止外人翻越，所以高度一般不低于二层窗下槛，有些与屋檐齐。二是天井周围的房屋及装饰，包括门窗及裙板和栏杆。江南传统民居因为大多为封闭的围合式建筑，其意为"藏"，即不露财和隐私，所以外立面除大门外没有多余的装饰。与江南传统合院民居一样，石库门住宅的主要装饰在包围天井的房屋立面，以裙板栏杆的装饰较为考究，仿古花式栏杆以葵式乱纹（花纹线条的端头带有钩形）和葵式万川（带"卍"形）为主。裙板从早期最初的无装饰到中期的仿古花饰栏杆再到晚期的装饰主义风格，体现了传统建筑元素的延续和受西方建筑文化的影响。而隔扇门窗花式多样，宫式、葵式较为多见（宫式：格子条纹呈直线；葵式：条纹尾端带折钩或图案并非全部由直线构成）。有不少早期石库门住宅客堂前部采用了苏派传统民居廊轩的做法，也有的石库门住宅二层为回廊式，早期用裙板或者木栏杆，中、晚期也有用铁栏杆，江南民居中二层为回廊式多见于皖南和苏南。早、中期石库门住宅中大门开在厢房侧的，其前天井院墙有些可见吉语砖雕，这同样源自江南传统民居和私人园林宅第。

注：更多立面形态详见《时间的居所 上海老城厢历史民居》，陆中信撰文／摄影，上海文化出版社，2020

· 窗檐

1

2

· 界石

1 苏州山塘街区
2 望云路 136 弄 9 号
3 苏州老城 清乾隆
4 吴江盛泽
5 糖坊弄
6 孔家弄 35 号承德里

3

4

5

6

· 高院墙

1

2

· 院墙到二层窗下槛

3

1　苏州老城（院墙有琉璃漏窗）
2　曹家街45号（院墙有琉璃漏窗）
3　宁波慈城冯宅（清乾隆）
4　光启南路332弄5号
5　吴江盛泽
6　金家旗杆弄23弄3号

4

·裙板无栏杆

5

6

·葵式乱纹裙板栏杆

1

2

·葵式万川裙板栏杆

3

4

·隔扇门　　　　　　　　　　　　·隔扇窗

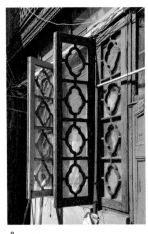

5　　　　　　　　6　　　　　　　　7　　　　　　　　8

9　　　　　　　　　　　　　　　10

1　黄山黟县卢村志诚堂（清道光）
2　南孔家弄 4 弄 1 号
3　苏州五爱巷潘宅（清）
4　药局弄 79 弄 1 号（栏杆下有挂落）
5　苏州东山杨湾
6　梅家街 43 号
7　慈溪鸣鹤
8　北孔家弄 36 号
9　苏州景德路春晖堂杨宅（清乾隆）
10　南孔家弄 4 弄 1 号

1

2

· 廊轩

3

4

· 天井院墙砖雕

5

6

7

8

1 万竹街 41 号赵竹林宅
2 苏州景德路春晖堂杨宅（清乾隆）
3 乔家路 77 号宜稼堂（清道光）
4 蓬莱路 9 号
5 天灯弄 77 号书隐楼（清乾隆）
6 北孔家弄 73 号
7 苏州网师园（清乾隆）
8 北孔家弄 73 号

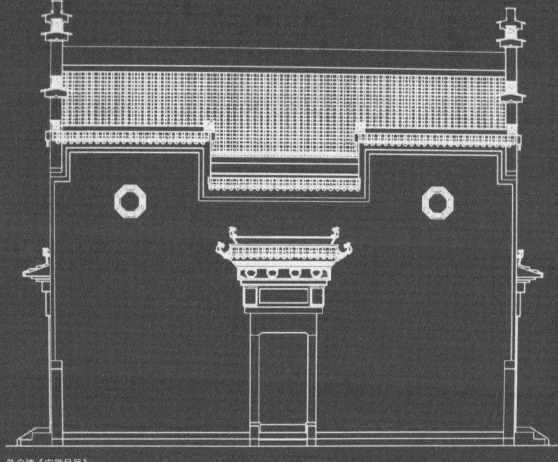

单启德《安徽民居》

粉墙黛瓦的江南围合式传统民居都是天井式民居，虽然同处江南，但各有特点。

3

石库门住宅与
江南民居的渊源

关于石库门住宅与江南民居的关系，罗小未、伍江在《上海弄堂》一书中说："平面和空间更接近于江南传统的二层楼三合院和四合院形式。"住房和城乡建设部主编的《中国传统建筑解析与传承》（上海卷）认为："石库门里弄民居具有浓郁江南民居空间特征。"

但江南传统民居有皖南民居、浙江民居、苏南民居以及上海本地房子等，虽然石库门住宅一定是对江南传统民居兼容并蓄和演进的产物，但其来龙去脉，吸收了传统建筑形制和建筑元素中的哪些方面，又是怎么不断变化的，这些都是值得探究的问题。

江南在各个时代的含义有所不同，据《辞海》："春秋、战国、秦、汉时指今湖北的长江以南部分和湖南、江西一带；近代专指今苏南及浙江一带。"吴及六朝时期又有了文化意义上的江南，分别泛指以苏州南京为中心的长江以南地区及江北的扬州，也即吴越地区；从区域沿革上则指的是上海、浙北（嘉兴、湖州、杭州）、浙东（绍兴、宁波、舟山）、浙西（金华、衢州）、苏南（苏、锡、常、镇、宁）、皖南（芜湖、池州、宣城、徽州即今黄山市）、赣北（上饶，婺源）等长江以南地区。按复旦大学葛剑雄教授的说法："我们一般认为狭义的江南，实际上就指清朝的江苏、浙江的八个府和一个州，即江苏的苏州府、松江府、常州府、镇江府、江宁府、太仓州，还有浙江的杭州府、嘉兴府、湖州府。广义的江南是指哪里呢？就是江苏、安徽长江以南和浙江钱塘江流域，甚至包括江苏的扬州和江西在长江南面的几个县。但不管怎样算，上海一直是江南的一部分。"（葛剑雄《海纳百川上海源》）从地理学的视角，江南基本上就是太湖流域和钱塘江流域所在的地区。

中国民居经历了从巢穴到地面到楼居的演变，至西周出现了围合式民居四合院，其历史已经有3000多年，可见于陕西扶风、岐山一带的考古遗址。1954年在山东沂南县出土的画像砖经已可以看出汉代围合式日字形民居的布局，两边是围廊。1957年广州东郊麻鹰岗出土了东汉

1

2

三合式陶屋。存世最早的山水画卷，隋展子虔《游春图》描绘了江南三月桃李争艳时，人们踏青赏春的情景，图中可见当时的三合院、四合院都以房屋围合而不是回廊。在南方，楼居的习俗甚至可以追溯到河姆渡文化的干栏式建筑，下层为畜栏，上层为居室。楼房在秦代民居中已经出现，汉代之后，楼居在上层社会已成风气，已见曲尺形（L形）、三合院及有副檐的楼屋。宋明文学绘画作品中更多见写楼，如北宋李清照词："云中谁寄锦书来，雁字回时，月满西楼。"北宋王希孟主要以庐山为背景，掺入苏州等地风光的长卷《千里江山图》中出现了几处呈L形、工字形的房屋，也有楼屋，具有江南民居的特点。潮州的许驸马府始建于北宋英宗治平年间，历代屡有修葺，但仍较好地保留了宋代民居的形制，是中国最早的民居实例之一，其平面形态和结构在后世民居中都有所体现，也可佐证观音兜始于闽粤地区。而存世的明清民居各种形态更是可以在大江南北各地找到，山西犹多。在屋顶的样式上，从张择端的《清明上河图》中可见北宋的民居除悬山顶外已大量采用歇山顶，一直到了明清时代，硬山顶才成了江南民居的主流。正是在这样的居住方式发展变化的基础上，由于不同的地域范围、不同的自然环境、不同的地方建材、不同的经济文化背景、不同的民族宗教及不同的生活习俗和宗法礼仪制度，各地在长期的借鉴吸收融合演变中形成了不同形式、不同风格的各类民居，江南传统民居的建筑形态也是在这样的背景下产生的。但万变不离其宗，诚如梁思成所说："在平面布置上，中国所称为一'所'房子是由若干座这种建筑物以及一些联系性的建筑物，如回廊、抱厦、厢、耳、过厅等，围绕着一个或若干个庭院或天井建造而成的。在这种布置中，往往左右均齐对称，构成显著的轴线。"（梁思成《中国建筑的特征》）

1 东汉四合院画像砖（山东沂南博物馆）
2 东汉三合式陶屋（国家博物馆 岭南）
3 隋展子虔《游春图》三合院
4 隋展子虔《游春图》四合院

3

4

1

2

3

4

5

6

7

8

1 河姆渡干栏式民居遗址
2 东汉曲尺式陶屋（厦门大学人类博物馆）
3 东汉三合式陶屋（广西博物馆）
4 东汉有副檐陶屋（大同博物馆）
5 北宋王希孟《千里江山图》H 形房屋
6 北宋王希孟《千里江山图》L 形房屋
7 潮州许驸马府北宋（图虫创意）
8 晋城市郭峪古村三合院（明嘉靖）

江南民居的共同点是黛瓦粉墙，这与北方民居的清水墙泾渭分明。江南民居多为条石门框，北方民居多为砖砌或木门框；江南民居采用空斗墙，北方民居采用实滚墙；江南民居多马头山墙和观音兜山墙，北方民居多硬山墙；江南合院民居周围房屋屋顶互相搭接，北方合院民居周围房屋屋顶并不搭接，这些都是两者明显的区别。江南围合式民居把天井作为核心（天井也称庭心），所以也称天井式民居，房屋按中轴线围绕天井布局，以三合院和四合院为基本平面形态，可组合成串联式或并联式住宅以及两者结合的多进、多路大宅，如 H 形可视为两座三合院相背；囗形可视为两个三合院串联；日形可以视为两个三合院中间夹一个四合院，此即二进；目形可视为三个三合院串联，日形可视为两个四合院串联，此即三进；横巨形和田形可视为两个三合院或双四合院并联等；这是其共性。但是，由于地域的不同，从围合式建筑形态看，江南传统民居也是各有特色的，现将江南民居以地域结合建筑形制分为皖南、浙西、浙东、苏南和浙北、上海五地，择其中基本保存原有风貌的古村镇分别简述各地传统民居与石库门住宅相关的建筑特点，以老城厢石库门住宅的十种主要平面形态以及立面形态是否在江南传统民居中出现来找寻石库门住宅各种传统建筑元素的源头并各作评点（立面形态主要在第 2 章该节中通过比对来展示），着重讨论相关性，并非对江南民居的全面论述。有些示例的建造时间晚于石库门住宅的出现时间，但传统民居有其相对稳定的传承性，所以仍然具有参考意义。古村镇示例中的有的多进民居虽然其总体平面形态并没有在石库门住宅中出现，但分割开来看，仍然是由数个三合院、四合院串联组成，与石库门住宅有着较高的相似性，以致上海不少早、中期石库门大宅仿效了传统的多进形制。示例中也有一些传统民居样式与石库门住宅没有或较少相似性，但因有地方特色和建筑特点，由此可以对该地传统民居的演变有比较全面的了解。

注：照片中江南民居地名后的古镇、古村均省略。

皖南民居

皖南传统民居以古徽州为代表，包括今安徽黄山市歙县、黟县、休宁、祁门，宣城市绩溪和江西上饶市婺源，民居都散布在乡村，清程且硕在《春帆纪程》中说："乡村如星列棋布，凡五里十里，遥望粉墙矗矗，鸳瓦鳞鳞，棹楔峥嵘，鸱吻耸拔，宛如城郭，殊足观也。"有以下特点。

（1）因多山地，宅基地紧张，所以徽派民居都是二层，少数三层，明谢肇淛在《五杂俎》中曰："余在新安，见人家多楼上架楼，未尝有无楼之屋也。"一般情况下，明代民居一层低二层高，清代则反之，一层高，二层低，楼层间无副檐（或称出檐、腰檐等，位于一二层之间，檐下为有柱走廊或无柱走道，有的仅为房屋避遭雨淋，下同），有挑层。

（2）天井为狭长形，在江南民居中显得最小。空间界面为单坡屋，雨水汇入天井，称"四水归堂"或"三水归堂"，切合了徽州人的传统理念。

（3）厅堂前部敞开，称敞厅。

（4）单坡厢房占绝对多数，但并非独霸天下，双坡厢房除多见于L形合院外，也见于其他形态合院。明代及清前期的民居楼梯大多设在厢房处，清中后期大多改在厅堂屏壁之后，江南合院民居基本如此。

（5）大门多为条石门框加有披檐的门罩形式，造型美观，但样式比较单一。仪门与大门样式雷同，其观赏性远低于苏派传统民居。少见八字墙门和门楼式大门（门的顶部低于两边墙脊者为墙门，门的顶部高于两边墙脊者为门楼）。除条石门框墙门外，无屋不有的高耸马头墙为徽派民居的标志，但很少有二阶以上的马头墙，样式规整，以印斗式、朝笏式为主。

（6）该地区在南朝时期坞壁林立，其民居至今仍如碉楼，四周高墙围合，既为防火，更为防盗，一般外墙不设窗户或二层设小窗。

（7）砖雕、木雕、石雕之三雕为徽州民居建筑装饰方面的"三绝"。

（8）徽州合院民居平面形态以三开间三合院为基本单位，形成三间（五间）两厢，一明二暗格局，由此可组合成四合院、H形和日字形等。因地处山区，人多地少，又受宗法礼制限制，其宅规模较小，少见二进以上民居，未见多路民居，诚如清嘉庆《黟县志》所说："居室地不能敞，惟寝与楼耳。"总体上形制统一，唯多祠堂建筑，且甚为广深考究。

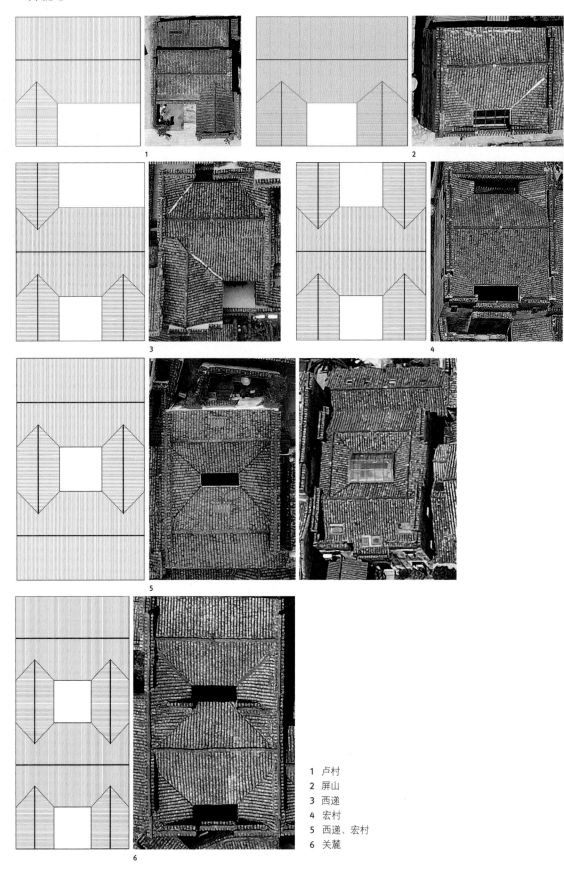

1　卢村
2　屏山
3　西递
4　宏村
5　西递、宏村
6　关麓

西递古镇

属黄山市黟县，始建于北宋庆历七年（1047年），现存明清民居224座，其中明代民居29座。世界文化遗产，全国重点文物保护单位，中国历史文化名村。

思德堂胡庆新宅（清康熙 侧入门在石库门住宅中也很常见）

1

1　天井（二层有卍形栏杆）
2　小巷子（大门错位开）

鸟瞰

1

1　侧入门三合院
2　徽州民居中大门都用条石门框
3　三层民居燕翼堂（明）
4　古村入口

呈坎古村

属黄山市徽州区，始建于三国时期，现存元明清民居150余座，其中列入国保单位的元明清民居18座，为徽州之最。全国重点文物保护单位，中国历史文化名村。

2

3

4

关麓古村

属黄山市黟县，始建于五代、后唐时期。关麓的特色是它的主要建筑为汪氏八个兄弟的『八大家』住宅群，其建筑自清顺治始，前后经历了200多年，共建有楼房16幢、四合屋2幢、学堂厅和书斋各1幢，自成一体又相互联通，从而使『八大家』形成一个整体，在徽州古民居中是极为罕见的。中国历史文化名村。

1 印斗式马头墙
2 鸟瞰

1

2

1　门楼
2　官帽山墙（土星观音兜）
3　敦睦庭（清同治）

八字大门四合院迎祥居

宏村古镇

属黄山市黟县，始建于南宋绍兴年间（1131—1162年）现存明清民居140余座，其中明代民居1座。世界文化遗产，全国重点文物保护单位，中国历史文化名村。

1 双四合院
2 月沼（徽派民居马头墙以二阶为主，朱兴道摄）

1

2

鸟瞰

卢村

属黄山市黟县，始建于南唐末年，建于清道光年的志诚堂为徽派民居木雕之翘楚。中国历史文化名村。

1

2

3

4

1 志诚堂二进仪门
2 志诚堂（清道光）
3 敞厅
4 窗户木雕

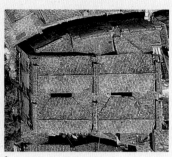

屏山古村

属黄山市黟县，始建于唐末，现存明清民居200余座，中国历史文化名村。

1 徽派民居天井小，一二层高差大
2 双拼民居
3 三合院与连体

小结：徽派民居是中国南方民居之代表，与石库门住宅平面形态相似的虽然只占六种，但已经覆盖了石库门住宅的主要平面形态，即以三合院、四合院、H形及其串联为主。大门多为院墙式条石门框加门罩，门上槛较厚，称门岩，形成压顶之势，是为稳重。"石库门"这一大门的原型或源自徽派民居，因为只有古徽州地区传统合院民居的大门几乎全为条石门框，而且在徽州地区这种门也被称为石库门。但上海石库门住宅大门上槛的厚度没有徽派那么夸张，对比苏南浙东一带传统民居的条石门框大门，在上槛和门柱的尺度上更接近于上海石库门住宅的大门。徽派大门讲究门面，是主人身份的象征，不像苏派民居仅门讲究内敛，华丽的一面在内不在外。石库门住宅大门也讲究门面，所以也饰以华丽的外表，特别是中期石库门住宅的大门巴洛克风格十分显眼。徽派民居的楼层与石库门住宅相同，无副檐有挑层以及栏杆花式都与石库门住宅有相似性，上海石库门住宅的马头山墙和单坡厢房都有徽派民居的影响。但徽派民居平面紧凑，天井很小，敞厅，楼层高差大，门与内部装饰性强，与石库门住宅有较大差异。

浙西民居

浙江因为面积远远大于皖南，所以其传统民居形态的差别较大，浙北、浙西、浙东、浙南各有不同。但这一分区只是地理上的划分，历史沿革上浙江只分浙东浙西，唐肃宗时析江南东道为浙江东路和浙江西路，钱塘江以南称浙东，以北称浙西，南宋又设置了两浙东路和两浙西路。到了明清时期，浙江布政使司下辖十一个府，"上八府"，又称"浙东八府"，即宁波府、绍兴府、台州府、温州府、处州府（丽水）、金华府、严州府（淳安、建德、桐庐）、衢州府（其中金、衢、严三府又可称"上三府"）。"下三府"，又称"浙西三府"，即杭州府、嘉兴府、湖州府。基本上是以钱塘江及其上游为界的。

浙西包括金华、衢州、古严州（严州府下辖淳安、建德、桐庐，现属杭州市）以及古处州（现丽水市）的松阳、遂昌一带，因为与徽州接壤，建筑风格很大程度受徽派影响。宋杨亿"风来野渡闻渔笛，雾敛晴天见蜃楼"描绘了衢江、兰江穿浙西而过的景象。金华古称婺州，有浙中之称法，有学者认为金华及其周围地区的民居自成一派，谓婺派。富阳古称富春，夹富春江而居，虽现属杭州，但建筑风格与杭州相去甚远，归入浙西。有以下特点。

（1）仍为山区，缺少宅基地，所以民居以二层为主，楼层间有副檐或挑层，但金华武义古民居极少有副檐，都为一层缩进回廊式。天井普遍比徽州民居大，以俞源为甚。

（2）大多仍为敞厅。

（3）虽有徽派风格，因为地域不同已经较多出现了双坡厢房。兰溪诸葛八卦村合院民居以单坡厢房为主，但双坡厢房并不少见。到了金华武义的俞源、郭洞古村，合院民居厢房全部为双坡。

（4）大门形式多样，有院墙式也有墙门间式（注：院墙式指大门进去是天井，墙门间式指大门进去是穿堂或内廊，下同），徽派门罩式墙门的装饰趋于简约，有的披檐下并无砖雕额枋或仅剩字匾，甚至只剩条石门框，梅城和诸葛八卦村其上槛厚度与门柱宽度接近，尺度接近上海石库门大门。但俞源民居的门框与条石的尺度都很大。这一地区有些民居的大门与绍兴台门相似，有数级台阶，而徽州民居一般只有门槛或只设一级台阶。

（5）马头山墙为主，人字山墙、观音兜并存，马头墙与徽州地区稍有异，多三阶朝笏式。

（6）高墙围合仍为基调，但双坡厢房的出现，有些民居的高墙也随之消失。

（7）平面形态丰富，已有三进及以上民居。

平面形态

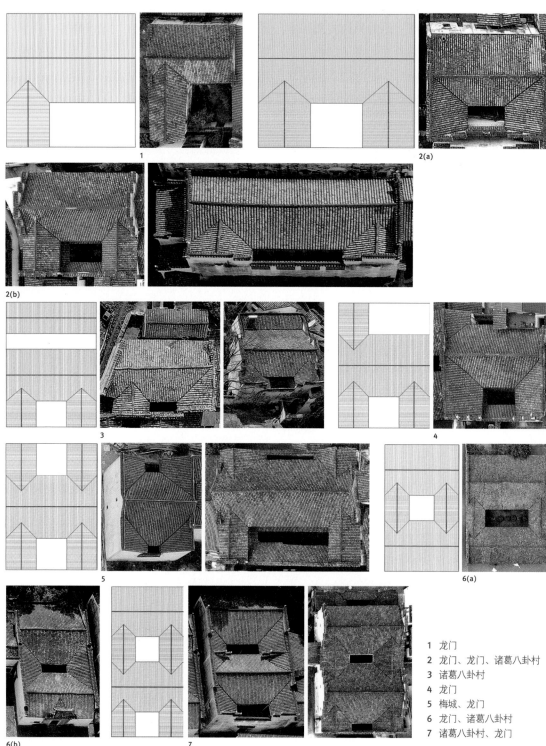

1　龙门
2　龙门、龙门、诸葛八卦村
3　诸葛八卦村
4　龙门
5　梅城、龙门
6　龙门、诸葛八卦村
7　诸葛八卦村、龙门

梅城古镇

属建德市，旧称严州府，始建于三国，是钱塘江上游、徽州下游唯一州府，古民居所剩无几。

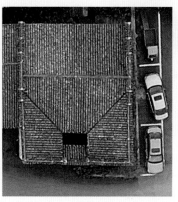

1 三合院
2 诸葛亮后裔宅（清末，高墙围合的四合院）

甘雨喜風

施工重地
閑人勿入

1（a）汪氏故居（清中晚期）
　（b）大门（条石门框上槛
　　与立柱尺度接近，与徽州
　　地区有明显差别）
　（c）二道仪门
2（a）五进民居
　（b）大门并无繁复的砖雕
　　额枋
3　胡茂亨宅 二道仪门

3

诸葛八卦村

属兰溪市,始建于元,现存明清民居200余处。著名古建筑学家罗哲文认为:中国传统的村落和城郭布局有依山傍水的不规则形和中轴对称的方整形两种,像诸葛镇这种围绕一个中心呈放射状的九宫八卦形布局,在中国古建筑史上尚属孤例。全国重点文物保护单位,中国历史文化名村。

1

2

1 鸟瞰
2 钟池

3

4

1

2

1 二进明代民居
2 大门如绍兴台门
3 天井（周围的木雕与砖雕，二层回廊式）
4 二进抬高

3

4

1

1 马头墙以朝笏式为主
2 石库门的上槛比立柱薄

龙门古镇

属杭州市富阳区，始建于三国，现存明清民居300余处。全国重点文物保护单位，中国历史文化名镇。

3

1 双拼民居
2 门楼（明嘉靖）
3 鸟瞰

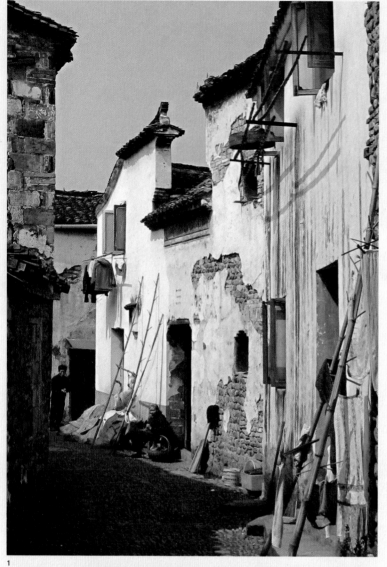

俞源古村

属金华市武义县，始建于南宋，明初由国师刘伯温按天体星象黄道十二宫和二十八星宿规划村落布局。现存古建筑 1072 间共 3.4 万平方米，其中宋、元、明、清古建筑 57 处为国级。全国重点文物保护单位、中国历史文化名村。

1 六峰堂（又名声远堂）
2 旗杆门楼

1

1　大厅梁柱（上部为猫儿梁）
2　木雕窗
3　后进（明万历）
4　过街楼

1

1 精深楼（清道光）
2 前庭
3 正门高大，门框粗壮，与江南
  其他地方传统民居有明显差别
4 木雕具东阳风格

2

3

4

鸟瞰

杨家堂村

属丽水市松阳县，古属处州，地处钱塘江水系与瓯江水系的分水岭仙霞岭山脉。该村建于清顺治年间，石基夯土墙房屋，因藏于深山，完整保留了清代风貌。中国传统村落。

1 夕阳下的杨家堂村
2 三合院（清乾隆）

小结：这一地区的民居厢房单双坡混杂，天井大小不一，徽派风格和浙东风格在这里交汇，与石库门平面形态相似的占了七种，不同的地域建筑文化为上海石库门住宅提供了多样性的建筑元素，但其影响力不占主流。

从浙西各地古村镇的民居形式中可以看到，以浙皖赣三省交界的开化县马金溪为钱塘江南源的衢江—兰江—常山港—富春江—钱塘江一线是徽派建筑风格影响力逐渐减弱的过渡区，其西北基本为徽派风格，淳安、建德、桐庐（古严州）在富春江或新安江北岸，离徽州近，以致其语系都属于徽语严州片；其东南之金华、衢州与浙东建筑风格逐步靠近，包括离杭州不远在富春江南岸的龙门古镇却有着与杭州大不一样建筑形态。其特征为合院体量变大，厢房由单坡变成双坡，天井和厅堂大于徽州民居，包括山墙和门的变化等。到了地处浙赣闽三省交界处的衢州江山廿八都，徽派建筑的影响力大大减弱，受赣南、闽北建筑的影响，其风格呈现多样化。从安徽黟县、浙江兰溪的两个案例则可以看到，从西北到东南，三合院的平面和立面形态更接近石库门住宅，后者厢房屋顶与正屋屋顶的搭接位置与石库门住宅几乎无异。这种过渡反映了民居形式因地理环境、地域经济、历史文化的不同而产生的渐变。

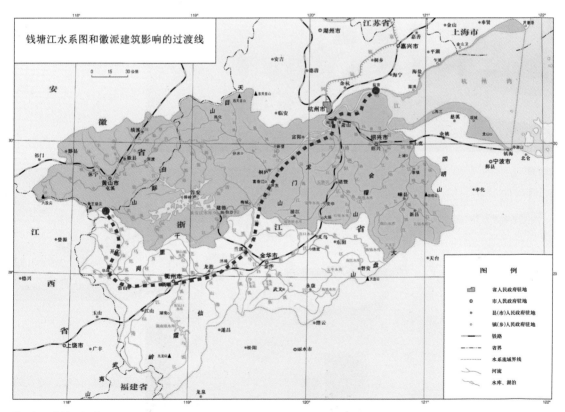

地图来源《浙江水利》

1

3

1　黟县屏山（厢房单坡，天井狭小）
2　兰溪诸葛八卦村（门框条石尺度改变，厢房双坡，与正屋屋顶搭接位置与石库门住宅相仿，天井变大）

事实上，金华在南宋已是大都市，宋室南渡，有大族迁徙到金华一带，以东阳为例，一百多个姓氏中，八十多个是北方移民，其中有宋太祖赵匡胤弟弟赵匡美的裔孙。武义俞源古村、东阳卢宅的始祖也是南宋年间迁居过来的。名门望族带来的移民文化表现在空间环境的营造上，形成了以大户型、大天井、大敞厅、大宅门为特色的婺派建筑，婺派大宅不以苏州按几进几路论，而以广大论。俞源古村可以认为是婺派民居集大成者，大宅皆为五开间、大天井，底层为缩进回廊式，有附房。房屋正立面都有三扇门，大门居中，甚为高大，条石门框粗壮，两边侧门通廊道。廊柱牛腿（撑拱）木雕精美，具东阳木雕风格。虽然俞源古村大宅的主体建筑大多呈二进双三合院形即日形，与日形石库门住宅平面形态相似，但大多为五开间三厢房，体量比石库门住宅大得多。中小型三合院民居与石库门住宅形态比较接近，但大多设三扇门，与石库门住宅有异。

浙东民居

浙东指的宁波、舟山、绍兴三市，宁波、舟山为沿海城市，绍兴的诸暨、新昌、嵊州虽然离海洋较远，但绍兴的上虞通过杭州湾也可通达大海。南宋范成大《浙东舟中》曰："处处槿樊圃，家家桃庇门。鱼盐临水市，烟火隔江村。"点出了浙东乡镇风光的特点。受海洋文化的影响，其传统民居形式与徽州和浙西有很大不同，各地形制并不统一，具有明显的地域性。有以下特点。

（1）浙东地区虽然平原占比在一半左右，但人口密集，民居基本为二层，楼层也为下高上低，楼层间绝大多有副檐，檐下为走廊，其副檐上端放在二楼窗下槛，使得视觉上楼下更为高敞。

（2）天井普遍较大。

（3）敞厅与闭厅并存。

（4）双坡厢房为主体，罕见单坡。浙东民居一层正屋与厢房间往往设穿廊，称"弄"，如为二进民居有所谓五间（即开间，或三间、七间、九间）二弄二明堂之称（注：浙东地区称天井为明堂）。引人注目的是，定海传统民居多见歇山顶，除苏南、嘉兴、上海农村地区外，在江南其他地区很少见到。明清两代定海为县，清道光一度为直隶厅，定海的传统民居流行歇山顶，甚至包括楼房，这在江南古城镇中或具有唯一性。但现存歇山顶民居大多建造于清末民国初，装饰比较简陋，山花面小且极少有纹饰。

（5）入口大门采用院墙式、墙门间式或门楼式，宁波地区统称为墙门，同时也把传统围合式民居称为老墙门。宁海前童古镇大宅多为二层墙门间式三合院或四合院，五开间六厢房，天井极大，地坪为鹅卵石，少用条石门框，被称为台州风格四合院。而绍兴地区的民居又有鲜明的特色，围合式建筑被称为"台门"，"台门"原指大门，外道门都有数级台阶，较宽，一般为两扇乌漆木门，也有独扇、四扇、六扇的。进门二三步，又有一道门，常常是四扇排门，比上海本土民居绞圈房的墙门间考究得多。其实"台门"一词最早见于《礼记·礼器》："天子、诸侯台门。此以高为贵也。"周作人在《鲁迅的故家》中说："台门的结构大小很不一定，大的固然可以是宫殿式的，但有些小台门也只是一个四合房而已。倒如鲁迅的外婆家在安桥头，便是如此，朝南临河开门，门斗左右是杂屋，明堂东为客室，西为厨房，中堂后面照例是退堂，两旁前后各两间，作为卧房，退堂北面有一块园地，三面是篱笆。……大一点的就是几进，大抵大门仪门算一进，厅堂各一进，加上后院杂屋，便已有五进了，大门仪门及各进之间都有明堂，直长的地面相当不小，至于每进几开间，没有一定，大抵自五间至九间吧。"嵊州崇仁古镇原有台门三百多座，现仍存近百座，其中明代民居十余座，蔚为大观。宁波一带也有称这种筑台阶、台基的宅门为"台门"。

（6）在宁波的传统民居中，山墙有用人字墙和观音兜的，但因马头墙更有气势，所以宁波民居的马头墙样式较之徽派民居有过之而无不及，从审美上看也更为灵动典雅，五马头墙并不罕见，称"五岳朝天"，为民居的最高等级。历史上，闽人到宁波地区经商为数众多，所以有不少历史建筑带有闽派元素，如燕尾屋脊、燕尾脊仪门、燕尾脊马头墙（徽派称鹊尾式），与徽派、苏派的仪门和马头墙在造型上有明显区别。1949年后，上海的石库门住宅经过几轮修缮改造，马头墙难觅踪迹，但徐汇区建国西路建业里的五马头墙与宁波民居五马头墙高度相似。

（7）因为采用双坡厢房，外围都为斜坡屋顶，且院墙都不高于厢房屋檐，所以不会形成高墙围合的形态。

（8）浙东地区重商，受官制和礼教束缚较小，民居体量较大，已有多路多进大宅，但没有苏派民居那样规整的形制和规模。

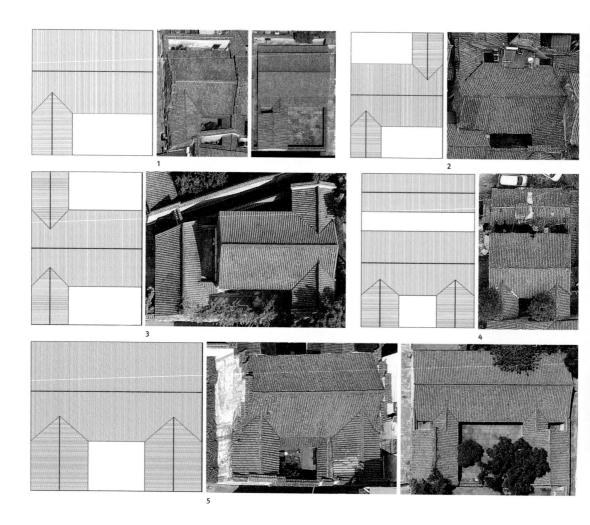

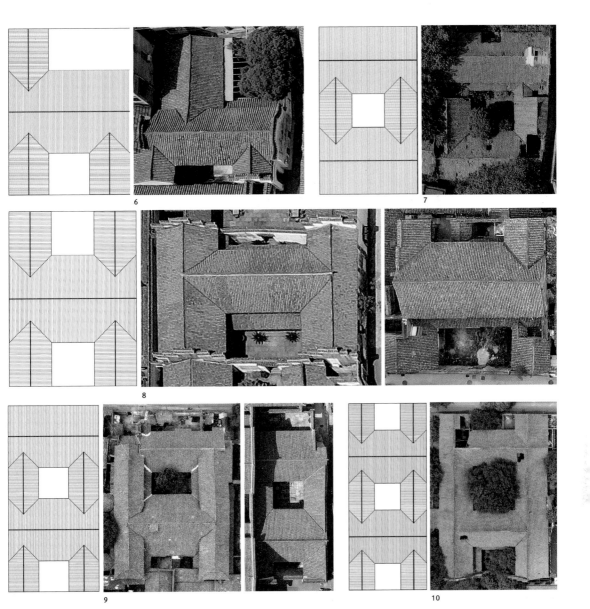

崇仁古镇

属绍兴嵊州市,始建于三国,现存明清民居全国重点文物保护单位,中国历史文化名镇。仅台门就有100余处,其中明代民居10余处。

1 建筑形态与石库门住宅相似
2 后门塘(宋)

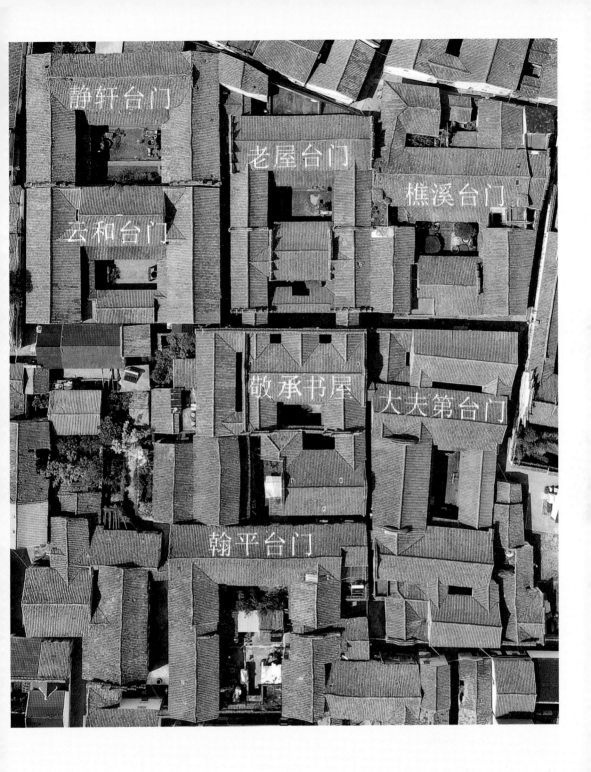

静轩台门

老屋台门

樵溪台门

云和台门

敬承书屋

大夫第台门

翰平台门

古台门（清中期，其中五联台门为裘氏大家族居住，由樵溪台门、大夫第台门、翰平台门、敬承书屋和老屋台门五座台门组成，各座台门由边门和过街楼相通，建筑面积6600平方米）

1　百鹿台门（明、清，百鹿木雕）
2　沈家台门（清咸丰，夸张的朝
　　笏式马头墙）

1

文元台门

旗杆台门

2

3

4

1 大夫第台门墙门间（清乾隆）
2 文元台门（清晚期）、旗杆台门
　（清中期）
3 小型台门
4 石库门

1

2

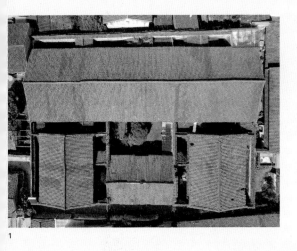

鸣鹤古镇

属慈溪市，始建于唐开元年间，现存明清民居近2万平方米。中国历史文化名镇。

1 新五房（清嘉庆）
2 大门前庭两边有券门
3 大门前有双廊轩
4 雀替精美

鸟瞰

1

2

3

4

5

6

1　上为小五房，下为老五房（清中、晚期）
2　小五房天井
3　新三房承德堂（清中期）
4　承德堂粗壮的抬梁式梁柱
5　三合院（宁波近代传统民居流行外包铁皮大门）
6　门楣雕花

1 叶锡凤宅〔俗称二十四间
  走马楼，建于清嘉庆十四年
  （1809 年）〕
2 四马头墙和五马头墙

1

2

前童古镇

属宁波市宁海县，始建于南宋，现存明清民居 200 余处。中国历史文化名镇。

1 门楼及别具一格的马头墙（徐扬威摄）
2 户户有活水

1 三合院
2 四合院群峰簪笏（清乾隆）
3 石雕麒麟（徐扬威摄）

1 职思其居（清嘉庆）
2 天井一角
3 正立面

3

慈城古镇

属宁波市江北区，始建于春秋时期越王句践时，唐开元为慈溪县治，现存明清民居数十万平方米，其中明代民居十处。同济大学教授、中国历史文化名城研究中心主任阮仪三认为：慈城作为中国传统县城的典型代表，仍保留着『一街一河双棋盘』的完整形态，在江南乃至全国都少见，其历史文化保存数量和其本身遗存的历史文化都具有很高价值。全国重点文物保护单位，中国历史文化名镇。

1 冯俞宅（边门）
2 冯俞宅（仪门）
3 冯俞宅（始建于明嘉靖，现存建筑为清乾隆嘉庆年间建，平面形态有三合院、H形、二进形、双四合院等）

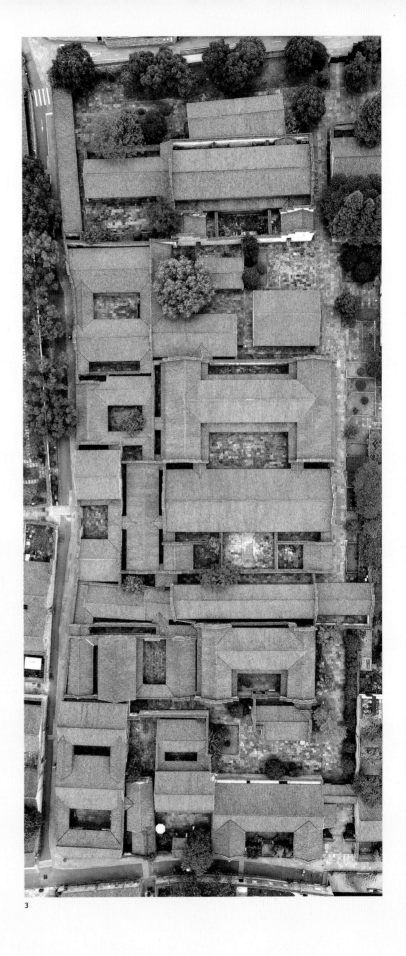

3

1　明嘉靖尚宝卿陈鲸故居
　（重建于清）
2　缪宅
3　桂花厅〔又称世采堂呈 H
　形，建于明万历四十八年
　（1620 年）〕
4　阮宅（清早期，马头墙与观
　音兜混搭，厢房与正屋以连
　廊相接，宁波传统民居多见）
5　后新屋冯家（清道光）
6　巷子(图中柏油路原为水塘)

1

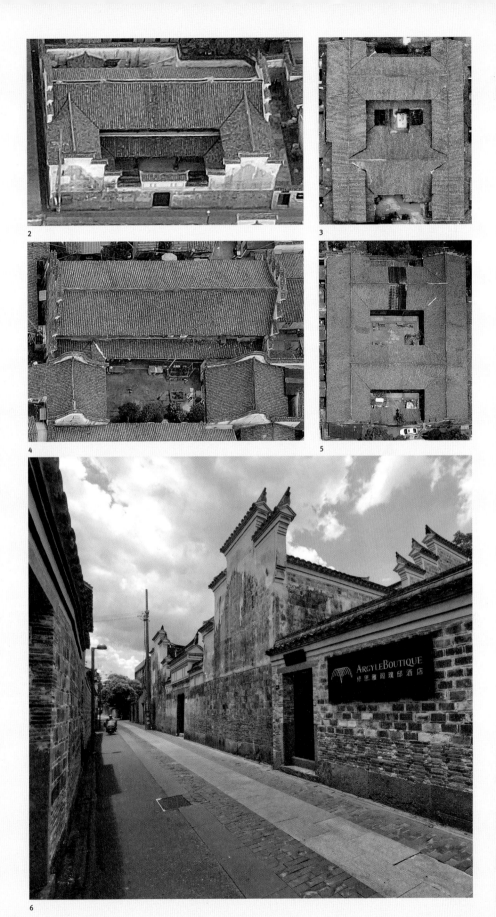

2

3

4

5

6

宁波老城

公元前473年（周元王三年）『越王句践以南疆勾余之地，旷而称句章』，是为宁波有城之始。现有月湖、永寿街、毛衙街、莲桥街、郁家巷、秀水街、孝闻街等历史街区，尚存明清古民居数万平方米。中国历史文化名城。

3

1 紫金街林宅（清嘉庆始建，清同治增改
  建，五开间大宅）
2 歇山顶官帽造型的门楼
3 秀水街 35 号（别具一格的门楼，一层
  正屋与厢房之间的走道称"弄"）
4 月湖历史街区鸟瞰

4

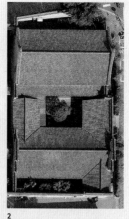

1 月湖民居（重檐歇山顶三合院）
2 月湖民居（马头墙观音兜和单双坡混搭）
3 月湖民居（门楼，左无牌科，右有牌科）
4 月湖民居（墙门）

1　孝闻街赵叔孺故居(清咸丰)
2　费家巷顾宅(清代官式民居)
3　永寿街叶宅(清)
4　中山西路范宅双四合院(明)
5　张苍水宅(明、清)

1

2

3

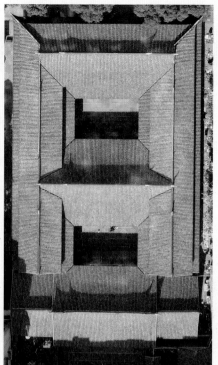

4

5

燕尾脊马头墙

定海古城

1(a)

属舟山市，始建于唐开元年间，历史上一直归宁波管辖，至清，康熙认为『山名为舟，则动而不静』，下诏改舟山为定海山，始有定海之名。目前尚存东西中大街及留方路历史街区，但大多为民国建筑。中国唯一的海岛历史文化名城。

1(b)

1 康五房（民国，后进有蟹眼天井，八字大门在浙东属罕见）
2 歇山顶三合院
3 正屋为歇山顶的四合院
4 王克明故居（晚清）

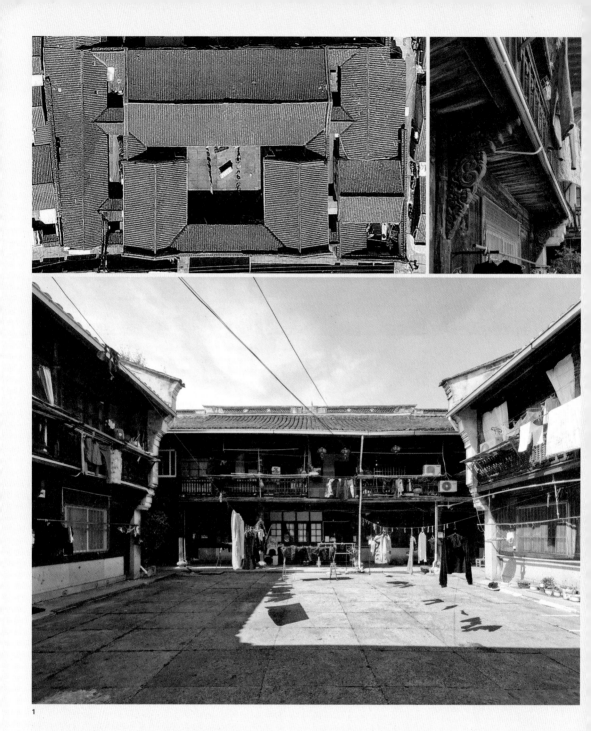

1 东大街许宅（民国）
2 东大街民居（民国）
3 前太平弄 9 号（二层歇山顶合院）

2

3

1 二层歇山顶 L 形合院（后天井有附屋）
2 马岙 柴家 24 间走马楼〔清乾隆二十五年
　（1760 年）〕
3 廊檐下为宁波古民居常用的猫拱梁
4 柴水弄 20 号石库门

小结：浙东民居大多为楼居，是余姚河姆渡干栏式建筑的延续，但不同地域各有特色。宁海前童古镇四合院民居和绍兴台门民居因为多为墙门间式大门，倒座大多为单层，天井很大，与石库门住宅相似性较少。舟山人口发展史上浙江甬台温及福建沿海移民众多，民居形式多样。定海古城因为是海岛城市，虽然传统形制受宁波民居影响较大，但为适应沿海风大的气候特点，民居大多为一层，且多歇山顶，山花面小，很少建马头墙，有利于抵御台风，与石库门住宅缺乏关联性。而以慈城、鸣鹤古镇和宁波海曙区为代表的宁波传统民居与石库门住宅相似性高，天井呈较大的矩形，与徽派狭小的扁形迥然不同，接近于上海石库门住宅天井与房屋的比例关系，条石门框的尺度也与上海石库门住宅的大门接近，而石库门住宅平面形态中最典型的 H 形在宁波传统民居中大量存在（屋顶搭接形式与上海石库门不同），双坡厢房石库门住宅也不无宁波民居的影响。尤为重要的是，浙东传统民居囊括了石库门住宅的十种主要平面形态。不过，大多数宁波传统民居有檐廊，这与石库门住宅有异。

苏南、浙北民居

苏南和浙北即狭义的"江南七府"（浙江的杭州府、嘉兴府、湖州府，江苏的苏州府、常州府、松江府、镇江府。因松江现归属上海，纳入上海片）。历史上，自唐代到清代，苏南、浙北、皖南很长时间同属江南行政区域，交流频繁，吴越文化与徽州文化互相碰撞，反映在建筑上就有了许多共同之处，特别是苏南受徽派建筑的影响更为明显。但是，镇江及以北大多数地方不属于太湖流域，传统民居大多采用清水墙，与江北地区相似，不同于江南传统民居的粉墙，所以，苏南民居主要是指苏锡常，以苏州为代表，其建筑流派被称为苏派。然锡常民居与苏州也有一些不同，如较多出现一阶高马头墙；多见大门、仪门门框不用石构改为砖砌。

苏州和杭州甚至是江南的代表，白居易《忆江南》之一："江南好，风景旧曾谙；日出江花红胜火，春来江水绿如蓝。能不忆江南？"说的就是苏杭。之二"江南忆，最忆是杭州"，之三"江南忆，其次是吴宫"说得更直白。苏南、浙北两地同属吴越文化，同属江南水乡民居，形制类似，但浙北的民居形态远没有苏州丰富（杭州仅指古杭州府部分地区，不含古严州地区）。有以下特点。

（1）因为大多为平原地区，可利用宅基地多，所以一层和二层民居同时存在或混合，楼房的楼层间既有副檐式也有挑层式，而吴江盛泽民居大多没有副檐。

（2）天井变大，围墙变矮。厢房与主楼屋顶交接处开一口形成小天井的合院民居在苏州东西山和吴江盛泽一带犹多。

（3）大多数民居的客堂废弃敞厅形式，改用隔扇门间隔，可开可闭。

（4）厢房单坡是主流，但苏州东山地区呈现了不同的特点，厢房双坡占绝对多数。在苏州老城内也有为数不少双坡厢房的三合院、四合院和多进民居。吴江盛泽双坡厢房和单坡厢房的合院民居平分秋色。

（5）大门形式有些改变，院墙式及墙门间式、门楼式都有。院墙式大门有的有两扇门，即黑木门外再装一扇同高的花格门，上部为镂空花格，下部为雕花裙板。仪门是苏派民居一大特色，《营造法原》中道："凡门头上施数重砖砌之枋，或加牌科（笔者注：北方建筑中谓斗拱）等装饰，上覆屋面者，成门楼或墙门。"此即为仪门，低于两边围墙称墙门，高于两边围墙称门楼，多进则有多道仪门。仪门这一称谓，严格意义上应该是二道门，即礼仪之门，现在在江南民居称谓中已约定俗成，人口大门样式如为《营造法原》之所云，也称仪门。苏浙一带仪门讲究内敛，少见双面仪门（正反面都有装饰），正立面只是简单的石库门，其装饰在背立面，门头造型美观，雕刻精湛，有的底部为须弥座，比徽派民居的大门更为考究。

（6）山墙虽以马头墙居多，但观音兜在这一地区较多采用且形态最为丰富，比如吴江盛泽的多进民居山墙大多为观音兜，而西塘传统民居的山墙则一改苏南、浙北民居的马头墙为主而以人字墙为主。

（7）多进多路宅第以该地区为最多，甚至多达九进、十路。历史上，姑苏当官者众，其中文武状元占比为全国之首。国学大师钱仲联曾评说："夫一郡之地，自唐迄今一千三百年间，状元乃有五十人之众，就清代而论，占全国总数四分之一弱，举国无有也。"所以，直到今天，藏在苏州老城小巷里的四、五进住宅随处可见。大多数宅第主路各进一般依次为一层门厅，一层轿厅，体量大且高的一层大厅，后面几进多为楼房，两边一般为廊道或厢房，如为厢房，可贯通，称走马楼。如为多路宅第，都设有备弄（也称避弄）。天官坊嘉寿堂陆宅曾为苏州最大的古民居，共六路附西花园，占地 12000 平方米，中路共六进，第四进二层正屋曾为藏书楼，五开间宽 27.8 米，厢房进深 27 米，单体建筑面积达 958 平方米，由此形成极大的天井，如此大的体量在江南民居中极为罕见。宅基地原为明正德年少傅兼太子太傅、武英殿大学士、户部尚书王鏊怡老园的一部分，"清乾隆壬子年（1792）归徽商陆义庵，现除正路部分尚存旧规外，东西则有所改建增筑，一宅之内包括住宅、祠堂、义庄及小型园林，其占地之广为苏州住宅之冠。""大厅面阔三间、进深特大，作纵长方形，前用翻轩（卷棚），系明代所建。厅前门楼下原有戏台今已毁，门楼底部之石刻犹是明代遗物，雕刻至精。"（陈从周《苏州旧住宅》）20 世纪 60 年代大厅及西路大部被拆，目前已不完整。苏州园林甲天下，其实这些园林也都是私人宅第，苏州民居之丰富多彩为江南之最。

（8）发端于苏州太湖之滨的"香山帮"，其营造工艺水平曾鼎立于明清时期的中国，三雕也为一绝。晚清学者钱泳在《履园丛话》中说："雕工随处有之，宁国、徽州、苏州最盛，亦最巧。"

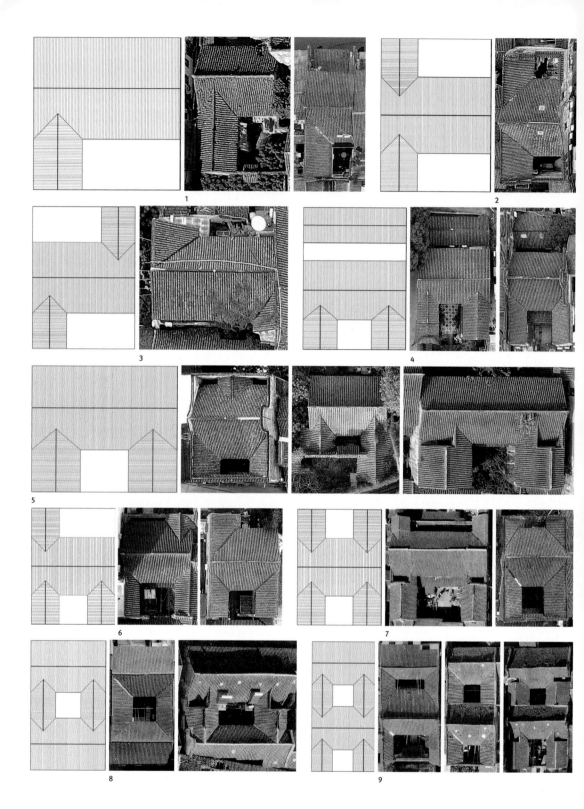

1　盛泽、西塘
2　西塘
3　震泽
4　苏州老城、西塘
5　震泽、东山杨湾、苏州老城
6　苏州老城、苏州老城
7　苏州老城、西塘
8　苏州老城、盛泽
9　苏州老城、盛泽、盛泽

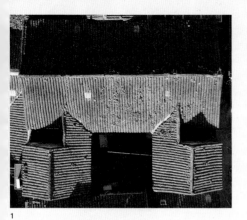

1

盛泽古镇

属苏州市吴江区，始于春秋吴，明弘治为村，嘉靖为市，清顺治四年（1647年）建镇，历史上曾与杭州、苏州、湖州并称为中国『四大绸都』。古镇区范围颇大，至清末有71街、13里、14坊、65弄，现存清代民居不下百处。

2

1 殷家弄 32 号（恒德堂汪宅）

2 鸟瞰

1

2

1 恒德堂汪宅（与石库门住宅相
  似度较高）
2 天井
3 正门披檐简约
4 门闩（早期石库门也有用门
  闩）

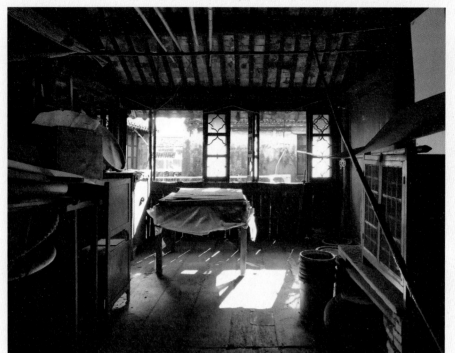

1

2

3

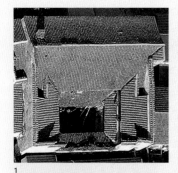

1 北浜路 22 号（清中期单坡厢房屋顶外墙高）
2 客厅屏壁后设楼梯（与石库门住宅相同）
3 厢房（前后厢房间用隔断，石库门住宅有用隔断
   也有用挂落的）
4 中浜路 16 号仪门
5 银行街 13 号四合院大门（清同治）
6 卜家弄卜宅外包铁皮大门（既防火又防盗）

震泽古镇

属苏州市吴江区，始于唐开元，设镇于南宋，现存清代民居20余处，全国重点文物保护单位一处。中国历史文化名镇，列入中国世界文化遗产预备名单。

1 师俭堂（清嘉庆 中路六进，前两进跨街，
  一进为河埠仓库，二进为铺面）
2 仪门之精美为江南民居翘楚

1

1　苏派民居弃敞厅形式（用落地隔扇门，可
　　开可闭）
2　廊轩（在石库门住宅客堂中也有采用）
3　第六进前厢房

2

3

苏州古城

即现姑苏区，始于春秋吴，隋开皇年有苏州之称。现存阊门、山塘、平江、拙政园、怡园5个历史街区，观前、十全街、枫桥三个历史风貌地区，30余个旧街巷历史地段，宋元明清民居多达500余处，其中园林式宅第8处为世界文化遗产，另有3处民居为全国重点文物保护单位。中国历史文化名城。

1 山塘街（苏派民居以单坡厢房为主，河之北西四路宅为吴一鹏故居）
2 吴一鹏故居明构大厅
3 吴一鹏故居仪门（在厚木门上钉方片砖以防火）

3

1

2

3

1

2

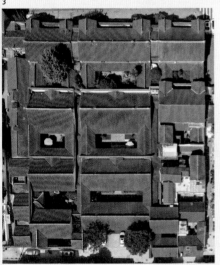

1 景德路春晖堂杨宅（明基，清乾隆有改建）

2 肖家巷 31 号

3 中张家巷沈宅（苏州评弹博物馆）（清末民初）

4 富郎中街吴宅（建于晚清，陈从周于 1953 年
　考察过此宅，曾赞叹其建筑之精美。此宅可见
　L 形、H 形、四合院形等平面形态）

5 天官坊陆宅双面门楼（明、清）

艺圃门楼（明）

东山古镇

属苏州市吴中区，现存明清民居近百处，其中全国重点文物保护单位2处（不含陆巷、杨湾）。中国历史文化名镇。

1 延庆堂（清中期）

2 古石巷某宅

1

2

1 东新街民居（民国）
2 天井（类似石库门住宅）

1 王鏊故居惠和堂（明、清）
2 仪门（在石库门大宅中也有采用）

1

2

3

1 副檐下有廊
2 大厅
3 山雾云和抱梁云

古街和牌坊

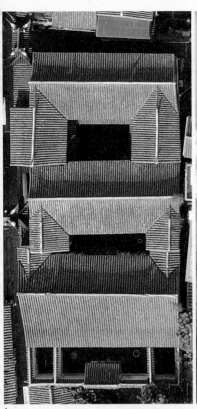

1　遂高堂（明）
2　副檐下无廊

杨湾古村

属苏州市吴中区，现存明清民居30余处，其中全国重点文物保护单位3处。中国历史文化名村。

1

2

3

1 晋锡堂（清道光，原三路，仅中路保留完整）
2 苏州二层传统民居大多有副檐
3 二进抬高
4 东山杨湾 纯德堂（清）

4

周庄古镇

属昆山市，始建于北宋元祐元年（1086年），明初设镇。有全国重点文物明代及清中期民居各一座，以清乾隆七年（1742年）所建七进松茂堂（沈厅）最为著名，所剩其他古民居不多。中国历史文化名镇，列入中国世界文化遗产预备名单。

沈厅（清乾隆）

常州古城

春秋时属延陵，隋唐为州治，元为路、府，明清为府。现有南市河、前后北岸、青果巷等历史文化街区，其中有三处民居为全国重点文物保护单位。青果巷始建于明万历年，先后孕育出百余名进士和一大批名人大家，被誉为『江南名士第一巷』。中国历史文化名城。

1　周有光故居马头墙（原老礼和堂唐宅，明、清）
2　贞和堂（原名保合堂，明、清）
3　明构大厅

3

1 楠木架柱
2 仪门正立面（门框为砖砌）
3 仪门背立面
4 第三进楼房

西塘古镇

属嘉兴市嘉善县，始于唐开元，明代设镇。现存明清民居 10 余万平方米。中国历史文化名镇，列入中国世界文化遗产预备名单。

1

2

1　观音兜和廊棚
2　鸟瞰

王宅（始建于清顺康年间）

南浔古镇

属湖州市，南宋淳祐十二年（1252 年）建镇，中国丝绸重镇，清末富甲江南。民居建筑以晚清和民国时代为主，张石铭旧宅为中西合璧的经典之作。中国历史文化名镇，有全国重点保护文物多处。

1 张石铭旧居仪门
2 张石铭旧居（建于 1899—1906 年，范晓伟摄）

1

1 正屋与厢房
2 外廊

百间楼（始建于明，为江南沿河民居之代表）

1 张静江故居（清同治）
2 仪门
3 廊轩（红色为枫拱）
4 金氏承德堂（清同治、光绪）
5 仪门

小结：苏派民居是江浙徽民居和南北方民居集大成者。苏南、浙北传统民居的平面形态与上海老城厢石库门住宅类似的占九种，马头墙、观音兜、砖雕压顶的门罩、仪门、隔扇门窗、裙板栏杆花饰、闭厅、廊轩等苏派建筑元素在上海老城厢石库门中都有体现。多进传统民居最多见于苏州地区，而在上海老城厢多进石库门住宅也并不鲜见，甚至在上海原租界的石库门里弄中也有多进，所以，上海多进石库门正是对苏派多进民居的一种模仿和传承。

引人注目的是，地处吴尾越头的吴江盛泽，其传统合院民居在苏州地区独具一格，双坡厢房占半壁江山，无副檐，只保留挑层，其外立面与天井周围的建筑形态与上海早期石库门有高度相似性。究其原因，一是与移民有关，清代盛泽人口构成中，外省人占一半以上，其中浙江人占40%，而绍兴人又占1/4，几乎包揽了吴江盛泽的染坊。一个镇竟有济宁、济东、山西、宁绍、徽宁、金陵等地方会馆六所，其中金陵会馆最早，建于清顺治十七年（1660年），宁绍会馆建于清乾隆三十二年（1767年），早于上海的四明公所和浙宁会馆。徽州人虽数量不多，但都为丝绸商，盛泽庄面（绸庄门面之简称，即绸市）有一条巷叫徽州庄，全为徽商，其会馆也建于清乾隆。浙东民居都是双坡厢房，徽州民居没有副檐，这对盛泽民居的建造无疑会带来影响。二是吴江盛泽在清代为中国四大绸都之一，富人不是商人就是织造印染作坊主，入官场者少，所以大宅建造以多得房为首，而非为派头，多进民居往往无一层门厅轿厅大厅，都为二层，与传统苏派多进民居形制有异。三是吴江盛泽现存传统民居以清末民初建造的占多数，建筑形态与清早中期有所变化，传统合院民居的大门都为三段式门罩，上覆小青瓦披檐。事实上，吴江盛泽的传统民居有些已经类似早期石库门住宅。

关于苏派民居厢房单坡顶和马头山墙的出现，从明代到清代有一个过渡。苏州全域列入全国或省级重点文物保护单位的明代和清代前中期合院民居绝大多数是双坡厢房，包括全国重点

1

文物保护单位明代民居苏州东山惠和堂、怀荫堂、凝德堂、明善堂，周庄张厅、沈厅，同里耕乐堂，常熟赵用贤宅，太仓张溥宅等。以单坡厢房传统合院民居为绝对主流的苏州，其辖区内洞庭东山现存明代古民居有12处，双坡厢房一统天下，这个传统一直延续到近代。事实上，从明仇英的姑苏《清明上河图》和清徐扬的《姑苏繁华图》中可以看到，当时并没有单坡厢房和马头墙，但清徐扬的《乾隆南巡图 驻跸姑苏》出现了马头墙。东山陆巷古村明基清体的王鏊故居可见马头墙，这是因为王鏊卒后，房屋易主，中轴线上的建筑为清道光年间所建，明代遗存之书楼未见马头墙。直到清代苏州最为显赫的乾隆年间状元、四朝元老潘世恩，其六世祖潘仲兰自歙州迁苏州后，世代书香，人才辈出，同治年间，朝廷名官各部都有潘氏，时人称"天下无第二家"。而清中期也是徽商在苏州的全盛期，掌控着苏州的盐、米、茶叶、绸布及典当等多个行业。由是，自徽州巨商潘麟兆于清乾隆年在卫道观前建五路六进之大宅，三朝大臣潘世恩于嘉庆年间购入钮家巷康熙年间河南巡抚顾汧之"凤池园"西部并作改建后，苏州之宅的徽派元素才开始显现，可见到了清乾隆和嘉庆之交，徽人鼎盛之时，苏南乃至浙北地区的合院民居单坡厢房和马头墙才逐渐成了主流，但这种变化并没有颠覆有着悠久历史的苏派民居的传统形制。这说明了传统民居的建筑元素在不同历史时期有着不同的表现，即使如近代民居石库门住宅，虽然其从出现到没落只有70年左右的时间，但从早期到晚期，由于时代变迁、新技术、新材料的使用以及受西方建筑的影响，其包含的传统建筑元素在逐渐减弱而西方建筑元素在逐渐增加。

苏州地区有许多带小天井的合院，所谓小天井是在厢房屋顶与正屋屋顶搭接处开设的天井，有利于正屋和厢房的采光和通风，江南许多地

2

3

1 明仇英《清明上河图 苏州》
2 清徐扬《姑苏繁华图》见双坡厢房硬山顶三合院
3 清徐扬《乾隆南巡图 驻跸姑苏》中的马头墙

方都有见。苏州、宁波一带一般开设在厢房屋脊外侧，绍兴一带开设在厢房中间，形成双连廊。小天井在上海称小庭心，苏州、浙东称蟹眼天井，在苏州和浙东的明代民居中已有出现，清中期已不鲜见，清末民初更为多见，苏州盛泽镇犹多，样式丰富，上海地区传统民居中也多有见，并被用于石库门住宅中。

上海邻近苏州，宝山、嘉定、青浦、松江和金山一线的传统民居基本呈现苏派建筑风格，上海老城厢亦然，相对而言，苏派民居传统建筑元素在上海石库门住宅中有最多体现。

上海民居

上海界域与江苏和浙江毗连，历史上，从西部的宝山、嘉定、青浦、松江、金山到东部的川沙、南汇、奉贤，再到长江中的岛屿崇明，千年以来大多数时间都为江苏辖地。南直隶松江府上海县（今浦东）人，明代大臣、文学家、书法家陆深的诗《江南行》中"东通沧海波，西接阖城烟"说的就是上海。上海是移民城市，五方杂居，其民居并未形成体系，地域虽小，却襟江靠海，受江南及其他地方民居影响，传统民居呈现多样性。

上海北域、西域、南域与苏南和浙北接壤，其文化和民俗更接近苏浙，如嘉定话与昆太话、松江话与嘉善话、金山话与平湖话都比较相似，其民居在城镇都为苏派建筑形制，如松江仓城和金山枫泾古镇。但乡村地区的合院民居群落和散户的建筑形制却与城镇大为不同，嘉定与昆山太仓交界处可发现一些歇山顶民居，青浦、松江及金山与嘉善、平湖交界处有多处落库屋民居（落库屋为民间俗称，指屋顶为庑殿顶样式也称四坡式、四注式、四阿顶等）。据金山蒋泾村村民讲，20世纪70年代以前这里的四合院全是这种样式，他们叫"前后埭"，后来翻建新屋都拆掉了，不稀奇。古代庑殿顶为最高等级，仅用于宫殿建筑和佛寺，歇山顶次之。刘敦桢在

《中国住宅概说 传统民居》一书中说："宋以前一般住宅原普遍地使用四注式……但明清二代则被列为封建统治阶级最高等级的屋顶形式，如北京故宫中亦只有太和殿、奉先殿和太庙正殿数处。可是江、浙一带民间住宅不受此种限制，可知明清官式建筑的做法和规定，范围原不太广，如果用以代表全国建筑是和事实不符的。"其实，此种限制还是有的，因为落库屋只出现在农村，城镇并未有见。实际情况可能是，到了清末，官方对民居建造的管制已经形同虚设，农村地区更是鞭长莫及，而且农村民居与邻里并不毗连，可以随意推倒重建，而城镇地区建筑密集，连接成片，民居不易改扩建。到了民国，改朝换代，禁令自然失效，庑殿顶甚至成了公共建筑的主要屋顶样式，如北京的燕京大学教学楼、南京的中央博物院等，而江浙沪一带农村建造庑殿顶民居甚至延续到了70年代，所以，现在可以见到的农村落库屋的建造年代大多是民国以后的，清末的已罕见。

从目前遗存的传统民居来看，除上海外，苏州的太仓、昆山、常熟一带农村也散落着一些歇山顶民居，嘉兴的农村地区则散落着一些落库屋民居（当地称落戗屋），这在江南其他地区甚为少见（园林宅第中有见），但这两种民居形态因出现年代晚，屋顶形式特殊，都为一层，对上海石库门住宅的形成基本没有影响。

1　太仓浮桥镇丁泾村唐宅
　　（1911 年）
2　浦东闵行区革新村奚氏宁俭堂
　　（1900 年）

1

2

上海东域包括城区和现浦东地区，苏派、徽派、浙东、本地风格混杂，其中保留完整的浦东原南汇县新场古镇是江南民居多样性在上海的集中体现。新场、大团多见厢房设有小天井，原川沙、南汇和奉贤农村地区有较多歇山顶民居，这一现象应该与移民有关。据《上海市地方志》记载："南汇由海域逐步成陆，土著居民较少，大多数由外地迁徙而来。自唐宋起，经元、明、清和民国，迁入的居民不断增多。"又据《上海粮食志》盐业篇记载："咸丰年间，岱山盐民谢来才等乘船逃荒，携带家眷到奉贤县海滨安家，板晒制盐，盐民见而仿效，改煎为晒。金山史料称，漕泾沿海一带，自清代以来岱山籍人陆续迁来濒海定居，业以晒盐、捕捞为主。"所以，即使到了浦东、奉贤沿海一带，其民居仍然受到江南特别是浙东民居的影响，如舟山定海古城20世纪90年代虽遭大规模破坏，但现存旧宅中仍有为数不少的歇山顶传统民居，这也许与浦东多歇山顶民居有一定的关联（见前述"浙东民居"小节中的定海古城段）。浦东的传统合院民居还有一个特点，那就是多门楼式仪门，其中川沙内史第门楼尤为气派，数量上以高桥古镇为多。

从现存上海传统民居来看，从西到东在建筑形制上有一些渐变，这是因为五口通商和上海开埠后，特别是太平天国战乱使得苏浙皖大批移民进入上海城区，同时，香山帮、宁绍帮、浦东帮工匠在上海同台献技，既带来了移民所在地的建筑形制和各地工匠的营造技术又结合本土特点和需求有所变革。根据著名建筑学家罗小未先生的分析，这还与上海在文化上的"边缘性"有关，上海从来没有成为过政治中心，既处于吴越文化的边缘又处于西方文化的边缘，不同文化的碰撞、冲突给上海地区带来了多元文化和创新意识，这必然反映在建筑文化中（《中国传统建筑解析与传承》上海卷）。

上海有一种被称为绞圈房的传统民居，是原住民对屋顶互相搭接的一层"口"字形四合院或双庭心"日"字形双四合院的俗称，也有研究者把上海地区双坡厢房与正屋互相搭接的一、二层三合院、四合院及其串联形成的多进宅院都归入绞圈房，即广义绞圈房。但广义绞圈房的范围过于宽泛，除了单坡厢房合院，几乎涵盖了江南民居中所有单进和多进合院，已经不是传统意义上的绞圈房。绞圈房一词最早出现在清光绪九年（1883）徐家汇土山湾外国传教士编的《松江方言教程》，其中一句"五开间四厢房一个绞圈房子"，指的是该栋房子前后两堵为五开间，两边各有两间厢房，是一栋四合院。松江一带的合院民居基本上是单坡屋顶厢房，松江方言中有绞圈房一词，那么民间的所谓绞圈房，厢房屋顶并非一定是双坡的。1935年《申报》有一段文字说到绞圈房："要知中国旧式民房，常以进计：一进者有一正两厢房，两进者有口字形之'绞圈'，此外则三进，四进，以致七进，九进不等。"可见，所谓"绞圈房"仅指一种四合院。著名历史学者薛理勇撰文认为："绞"应为"窖"，明崇祯南京工部右侍郎何乔远著《名山藏》中有"当时人家房舍富者不过工字八间，或窖圈四围十室而已"，其中"窖圈四围十室而已"指的是前后两埭三开间四厢房围成的四合院。而"窖"官话念"Jiao"，吴方言念"Gao"，"绞"为"窖"的误用。薛理勇认为："此类四合院曾经是许多地方常见的普通民宅，只是各地的叫法不一样而已。"2017年由住房和城乡建设部主编，上海市规划和国土局、上海建筑学会、华东建筑设计研究总院、同济大学、上海大学、上海城市档案馆分编的《中国传统建筑解析与传承》（上海卷）对绞圈房有提及："在上海的城镇、郊区，有一种围合式传统住宅，它四周都有建筑围合，中间有'庭心'，南北两埭和东西厢房的屋面相互搭接，形成一个整体，俗称'绞圈房'"。2019年由上海市规划和自然资源局编著的《上海乡村传统建筑元素》一书则认为"如果围合式庭心的前后两埭、两侧厢房的屋顶连成一体，成45度绞圈，则该合院民居被称为'绞圈房子'"。这两段文字可以认为是对绞圈房的专业解读，这种平面形态实际上就是江南四合院，因为北方四合院四周房屋的屋顶并不搭接。

如果某类地方传统民居有专属名称或者被认为是江南民居的支系，那么一定要有区别于其他江南民居的特点。笔者发现浦东地区的某些四合院有一个特点，屋顶是歇山顶，这在江南其他地方的四合院中甚为少见，如周浦镇旗杆村顾宅、合庆镇王桥村陶宅、航头镇王楼村傅雷故居和张江镇中心村艾宅等都为歇山顶。所以，从专业角度可以认为只有歇山顶的四合院或者双四合院可以称得上有本土特色的绞圈房，如果有门楼式仪门、护壁蚀篱笆、蚌壳隔扇门窗，那就是经典的本土绞圈房，仅见于上海地区。落库屋四合院也是一种绞圈房，在上海地区范围内特征明显，但落库屋（庑殿顶民居）在江浙一带有更多散布，并非上海独有，所以尚不能列入有本土特色的绞圈房。

历史上，上海到元代才置县，明清时属苏州府、松江府，包括建筑文化在内的上海历史文化原本属于吴越文化和江南文化，开埠后融入西方文化才形成海纳百川，兼容并蓄，注重创新，具有独立个性的海派地域文化。本土绞圈房作为江南传统民居中的小众，对于石库门住宅的形成影响甚微。上海交大建筑遗产保护中心主任曹永康教授认为："绞圈房"在建筑专业内尚未有正式资料记载，也并未被证明仅出现在上海地区，但它具有重要的建筑遗产价值与意义……是中国传统建筑在上海地区演变的一种分支，代表一种民居的发展状况。不过，这些特点并未在上海市区的房屋上沿袭太多，对上海建筑的近现代化不具有导向作用（上海交大建筑文化遗产保护国际研究中心公众号）。

1

2

3

4

· 庑殿顶民居

5

1　浦东周浦镇旗杆村顾宅（清）
2　浦东合庆镇陶长庆宅（始建于 1908 年）
3　浦东航头镇王楼村傅雷故居主体建筑（清）
4　嘉定华亭镇毛桥村
5　松江张庄村金宅（清末民初）

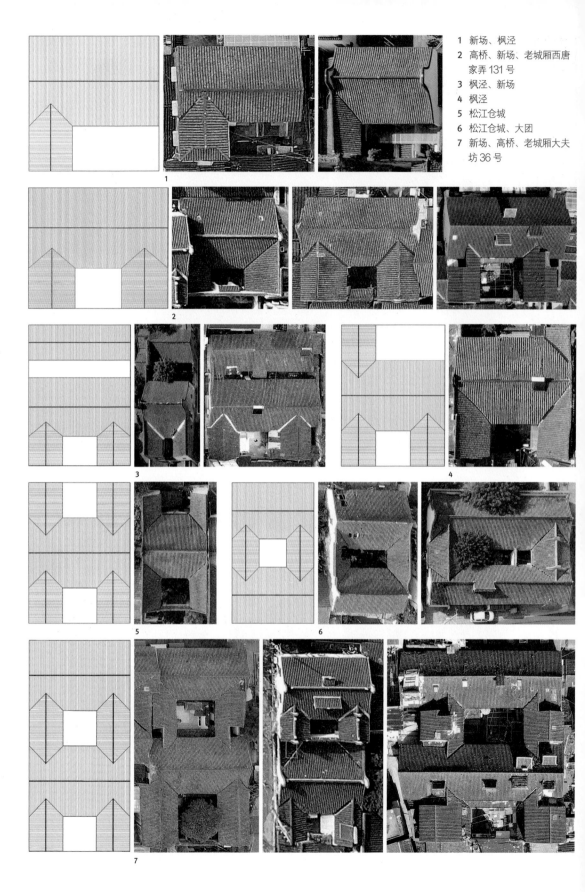

1 新场、枫泾
2 高桥、新场、老城厢西唐家弄131号
3 枫泾、新场
4 枫泾
5 松江仓城
6 松江仓城、大团
7 新场、高桥、老城厢大夫坊36号

松江仓城

仓城在松江老城中山西路一带，是明清时期松江府最大的漕粮仓储地和漕运码头所在地，故俗称仓城。松江唐天宝年置华亭县，元至元十四年（1277 年）升华亭县为华亭府，一年后，华亭府改名松江府。现存古民居集中在仓城历史街区，有明清民居近百处。

1

2

1　双拼民居
2　市河边的清末民初民居群

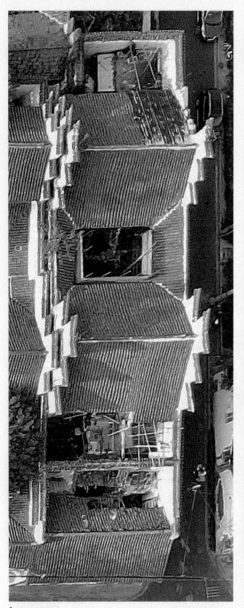

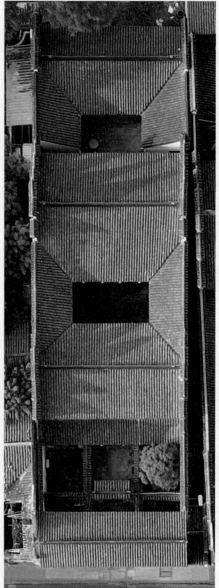

1

2

3

1 杜宅
2 杜氏雕花楼（建于清嘉庆，民国有改建）
3 主楼外廊式

枫泾古镇

属金山区，枫泾镇成市于宋，元至元十二年（1275年）正式建镇，市河原为吴越界河，现存清代及民国民居数万平方米。中国历史文化名镇。

1 古镇传统民居的厢房基本上是单坡顶
2 四马头墙
3 古为吴越界河

新场古镇

属浦东新区，始建于南宋建炎二年（1128年），得名源于下沙盐场之南迁形成新的盐场，故名『新场』。现存清末民居近10万平方米，同济大学教授阮仪三评价为：『是体现古代上海成陆与发展的重要载体，近代上海传统城镇演变的缩影，上海老浦东原住民生活的真实画卷。』中国历史文化名镇，列入中国世界文化遗产预备名单。

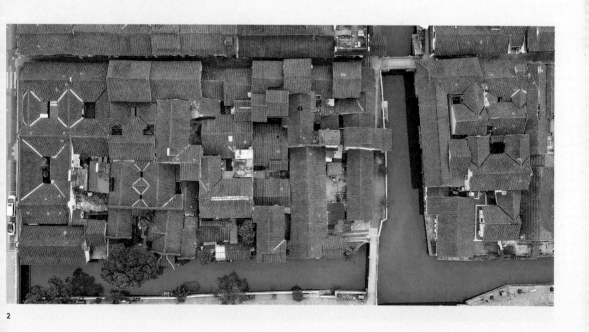

1 双观音兜封火墙
2 鸟瞰

1

2

3

4

1　黄培康祖宅
2　王氏宅
3　郑生官宅（左）王和生宅（右）
4　郑生官宅（晚清）
5　王和生宅（民国初年）
6　民居山墙多用观音兜

5

6

高桥古镇

属浦东新区，境域成陆于晚唐，清宣统置高桥乡，民国设高桥区，后改镇。古民居所剩不多，最早的为清同治年。中国历史文化名镇。

黄宅（1921年）

1 蔡宅（清末）
2 东街 16 ～ 28 号（民国，
  厢房与正屋间都有观音兜
  封火墙）
3 西街沈宅门楼正立面
  （1850 年）
4 门楼背立面

1

2

3

4

川沙古镇

属浦东新区，建镇于明嘉靖三十六年（1557年），除内史第外已难寻古民居。

1 内史第（清咸丰，前两进非原物，第
   三进与石库门住宅在平面和立面上都
   较为相似）
2 第三进正立面原貌（佚名）

大团古镇

属浦东新区，元初在此设头场盐使署。明隆庆二年（1568年）下沙盐场自南而北划分为九个盐区，以团为通名，因在最南端，名头团、一团，后以『头』『一』与『大』同义，遂称大团。现存传统民居不足百座，绝大部分为清末和民国建造，其传统民居有三个特点：多设小天井，多为坐西朝东或坐东朝西，封火墙多观音兜。

1 永春中路 100 号
2 围廊（在石库门住宅中并不少见）
3 仪门

1

2

3

1 永定南路 199 号
2 永春北路徐宅（清末）
3 中西合璧的大门（Dragon 摄）

老城厢

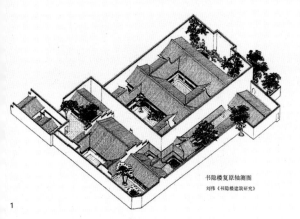

书隐楼复原轴测图
刘伟《书隐楼建筑研究》

1

1 天灯弄 77 号书隐楼复原图（清乾隆，
  有门厅、轿厅、船舫等，明显的苏派
  建筑风格）
2 内院

属黄浦区，宋末设镇，元至元二十八年（1291年）设县，明嘉靖三十二年（1553年）筑城墙，《明史·食货志一》：『在城曰坊，近城曰厢。』所谓老城厢的范围大致是今环中华路人民路的城内部分和十六铺到南码头的城外沿江部分。至 20 世纪 90 年代初，尚有百年以上明清民居 5 万多平方米，现存屈指可数。

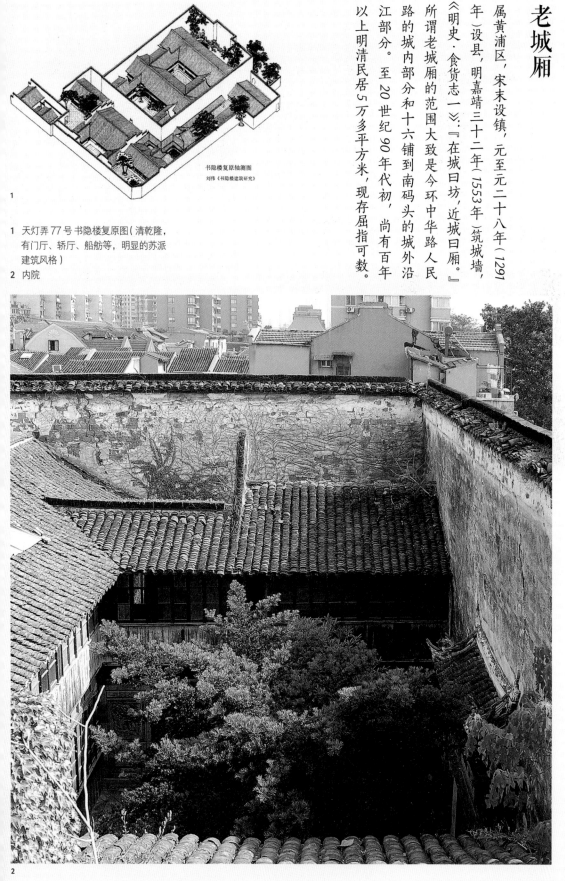

2

1　仪门正立面
2　砖雕
3　仪门背立面
4　乔家路 77 号郁泰峰宅（清道光）
5　乔家路 143 号乔宅（始建于明，清
　　重建，穿廊为苏派建筑传统作法）

小结：上海传统民居的平面形态与上海老城厢石库门住宅类似的占七种，有些个例与早期石库门住宅有较高的相似性。

总体上，上海传统民居的主流是苏派建筑形制，中国科学院院士常青认为：上海地区乡村聚落中"兼具苏南和浙北的历史文化底蕴和特色。不言而喻，上海乡村的传统聚落亦随之带有太湖流域水乡普遍存在的风土特征，其造屋和造景的匠作谱系亦属苏州'香山帮'的衍生支系"。（上海市规划和自然资源局编著《上海乡村传统建筑元素》）从松江等郊县城镇和老城厢可以明显地看到传统民居的苏派建筑风格，这必然影响上海石库门住宅的建造。近代以来，浦东地区因为多营造商及其工匠，大部分在浦西有过建造中式大宅、石库门里弄和西式房屋的经历，所以，他们在浦东建造的许多传统民居颇有创新，浦东传统民居还较多采用歇山顶、门楼式仪门以及大量应用观音兜山墙，观音兜还被广泛用于厢房面以及厢房与正屋搭接处，形式多样。同时，因为上海的开埠，受租界中西洋建筑的强大影响，传统民居和石库门住宅都开始中西融合，特别表现在一些建筑细节上，从中可以看到上海本土传统民居和石库门住宅的历史演变。

总结

由于江南各地经济、地理、自然、气候、历史、文化、宗教、宗族、民俗、方言区、原住民和移民等的不同造就了江南传统民居样式的多样性，而作为一种传承，这种多样性也造就了老城厢石库门住宅样式的多样性，从图例中可以发现，几乎所有石库门住宅的传统建筑元素在江南民居中都可以找到，只不过江南各地传统民居对石库门住宅的形成影响力有大有小，时间有先有后而已。同济大学教授伍江认为："强大的原有城市传统空间结构和土地占有机制，使得老城厢的开发更为碎片化、更为精细，更为尊重（也许应该说更为不得不尊重）原有的空间尺度和空间肌理。"（黄中浩《上海老城厢百年》序）这同样体现在老城厢石库门住宅的建造上。老城厢多单体或小规模里弄石库门住宅，业主、设计者和工匠对各地传统民居建筑样式的喜好、模仿和在原有城市空间肌理下的适应性变化，使得老城厢的石库门住宅相较于租界的石库门住宅显得更有个性，更显多元化。

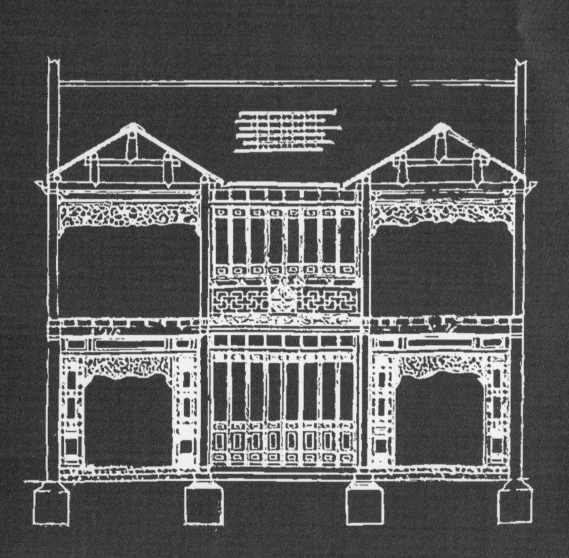

上海石库门住宅脱胎于江南民居，是在江南传统民居的建筑形态、构造和建筑元素的基础上，在不断传承、借鉴、融合、改良和演变中形成。而中西合璧的石库门里弄的出现，标志着一种新的近代城市住宅的诞生。

4

石库门住宅脱胎于江南民居

关于石库门里弄出现的年代，到目前为止，由于缺失历史档案，难以准确界定，单体石库门住宅从零星出现到日益趋多更是一件不可能探究出结果的事。实际上，任何一种类型的历史民居都很难确定其最早出现的年代，只能是有书证或者实例的年代，或者从古代书画和考古遗址及文物中去追溯。

（1）单体石库门住宅最多出现在老城厢。历经元明清三朝，开埠之前，老城厢已经是上海的政治、经济、文化中心。开埠之后，咸同年间，富有人家开始建造石库门，许多用作市房（商住两用），他们的第一选择应该仍然是老城厢地区，清张春华在《沪城岁事衢歌》中记载了道光年间十六铺到董家渡路黄浦江沿岸"舳舻相接，帆樯比栉，城东南隅，人烟稠密，几于无隙地"的盛况。而当时的租界处在起步阶段，许多地方还是沼泽荒地，并不适宜居住或者营商，直到19世纪末，随着租界的兴盛，老城厢才逐步式微，但得历史积淀

早期石库门里弄

和毗邻租界之利，老城厢昔日的繁华并未完全褪去。1892年出版的松江人韩邦庆用吴语写的小说《海上花列传》多处提到老城厢石库门，比如："呷一口茶，会账起身，径至咸瓜街中市。寻见永昌参店招牌，踱进石库门，高声问洪善卿先生。"（此为石库门住宅用作市房，咸瓜街在今东门路南。）

梅家街43号一栋五开间石库门住宅的墙面上有黄浦区文旅局文物保护铭牌，说此宅建于1860年，那就成了上海现存最早的单体石库门住宅了。（从其外立面巴洛克门头和有红砖腰线的清水墙以及前楼铸铁栏杆来看，大约建于1910年后，此说或有误，存疑。）

（2）清同治年间租界的石库门单体和石库门里弄有更多的历史记载，如马学强等在编写《上海卢湾城区史》的过程中，从《申报》和有关洋行档案中发现，一座建造于1870年的石库门被用作洋行，档案还显示了这座石库门的建造者、所有人和使用人等详细资料。（搜狐《发现非遗之美》——石库门）

1872年10月28日《申报》首次出现一则石库门房屋的出租广告："今有新造厅式楼房一所在石库门内。计十幢四厢房，后连平屋五间，坐落于石路中三元轩弄内。倘有贵客欲租者，即请至老闸养德药铺间壁弄内，向本号面议可也。九月二十七日 洪元成谨启。"所谓"在石库门内"是因为有些早期石库门的弄堂口，门的样式就是简单的条石门框，可见此屋为老闸养德药铺隔壁弄堂内一处五开间四厢房二层三合院式石库门连五间披屋（注："十幢"应为"十间"之笔误，五开间楼下楼上合计为十间，四厢房为两边都为双厢房合计四间）。

1 梅家街43号（西立面门头）
2 《点石斋画报》中的石库门弄堂口
3 面筋弄12弄8支弄江夏坊弄堂口

2

3

《点石斋画报》中的早期石库门里弄，有过街楼

（3）一般认为最早的石库门里弄为不晚于1872年建造的兴仁里（位于河南中路宁波路，1985年拆除），由英商老沙逊洋行投资，计24幢。1872年12月27日《申报》有一则广告："本行今新造市房一所，在宁波路兴仁里西首朝南，石库门六幢，每幢计六楼六底两厢房，后连披屋三间，并具全。准予明年二月中旬可能完工，其租价格外公道，倘欲先为租定者，请至本行经租账房面议可也。特此布闻 同治十一年十月二十七日 老沙逊洋行启"。此处所谓"幢"实际上是指联立石库门住宅的一个单元，晚清文人葛元煦在《沪游杂记》中对"幢"有所解释："上海租屋获利最厚，租界内洋商出赁者十有六七，楼屋上下各一间，俗名一撞（幢）。"根据此广告的描述，应为三开间两厢房四合院式石库门连三间披屋，符合前后进各三楼三底合计六楼六底。田汉雄等著《上海石库门里弄简史》根据1866年英租界老地图推测兴仁里是1866年前至1872年期间分批建设的，如果成立，那么石库门里弄出现的时间推前了6年。

另有一说，虹口商务委旅游局网上曾发文："虹口的石库门最早现于上海东余杭路541弄，德裕里，1870年。"又据老房子研究者朱亚夫考证，

上海最早的石库门应在乍浦路。新版《乍浦路街道志（1991—2009）》中写道："19世纪60年代，境内开始出现石库门住宅。"所以朱亚夫认为："石库门肇始于虹口美租界，成熟于上海市区的英、法租界。"而《上海住宅建设志》中记载：据历史资料，最早出现的石库门里弄住宅为清咸丰二年（1852年）建造在宝善街（今广东路）286～300弄的公顺里，至今仍存。但以上几说未见书证，晚清文人葛元熙于1876年出版的《沪游杂记》中有公顺里的记录，那么，公顺里建于1876年之前是可以确定的。目前已知老城厢最早的石库门里弄，可能也是华界最早的石库门里弄，是建于19世纪末20世纪初的棉阳里、吉祥里、敦仁里，位于中山南路，21世纪初因董家渡片区旧改被拆，同济大学传统建筑测绘队作了测绘，留下了宝贵的历史资料。

石库门住宅从出现、发展到没落经历了长达70年左右的时间，大约从1860年到1910年为早期石库门阶段，主要标志是立帖式（穿斗式）木结构；1910年到1920年为中期石库门阶段，主要标志是从木结构演变成砖木结构；从1920年到1930年为晚期石库门阶段，主要标志是从砖木结构演变成砖混结构。从门头的装饰上也可以看出三个阶段的不同之处：传统风格，巴洛克风格，装饰艺术风格。所以，早期石库门住宅历史跨度大，更多带有江南民居传统建筑元素。

所谓脱胎是指新事物在旧事物中孕育变化而成，老城厢石库门可以说是上海石库门住宅的缩影，从石库门住宅与江南民居的实例中可以明显地看到两者之间的传承和血缘关系，石库门住宅中的传统建筑元素并不是来自一地一方，而是来自苏浙皖十分广大的区域：石库门住宅脱胎于江南传统民居，是江南各地传统民居的混血儿，更多带有环太湖区域传统民居的基因。

传统建筑元素的传承

关于石库门住宅脱胎说，陈从周、章明在《上海近代建筑史稿》（1988年版）中说："每一单体则脱胎于传统的四合院、三合院，它是将四合院（或三合院）的门堂改为石库门，前院改为天井的三开间二厢建筑。在结构和形式上带有鲜明的中国传统建筑的色彩。它的围墙较高，一般与檐口相齐；每一单元的两端，砌有马头或观音兜压顶的风火山墙，屋面铺青涩蝴蝶瓦；客堂前一般做六扇或八扇的落地长窗，上下还有可以拆卸的木槛；厢房与次房之间，用挂落分隔；客堂铺方砖，天井铺石板，天井周围装雕花栏杆，栏杆内装有活络裙板。"

中国科学院院士郑时龄在所著《上海近代建筑风格》（2022年版）中认为："单元平面基本脱胎于传统民居三合院或四合院的住宅形式，一般为三开间或五开间，主要部分为二层楼，后部附属房间则为单层。保持了我国传统民居中封闭式深宅大院的布局特点，但面积尺度大大缩小，空间局促紧凑，平面基本呈对称布局，在纵向上有一条明显的中轴线。进门后首先是一个方正的天井，相当于传统住宅中的庭院，正对天井的是俗称'客堂间'的会客厅，客堂两侧为次间，天井两侧是厢房。客堂间面向天井有可拆卸的落地长窗，形式为简化的传统格子门扇，客堂间后面为通向二楼的横置单跑木扶梯，再后为后天井，后天井的进深一般为前天井的一半，有的有一口水井。后天井之后是单层的厨房、储藏间等附属用房……构造方式与建筑材料均继承江南传统民居的做法，采用立帖式木构架承重结构，建筑材料以木、砖、石为主，装修全用木材，屋面用小青瓦，墙面粉纸筋石灰，勒脚及大门门框用条石……建筑的色彩基本上是灰黑的屋面、砖砌粉白的墙面，

茶褐色的木门、窗和柱三种颜色，建筑形式呈现出浓厚的传统江南民居特色，立面上常用马头墙或观音兜形式的山墙，客堂间的落地窗，檐部挂落，以及两厢的格子窗……立面一般由院墙和两侧略高的厢房山墙组成，正中设石库门，早期的石库门一般比较简单，仅为一简单的石料门框，配黑漆厚木门扇和铜门环。稍晚一些开始注重石库门本身的装饰。"

上面的论述说明了早期石库门住宅无论在建筑形制还是建筑元素上都来自江南传统民居。当然，石库门住宅在传统建筑形态的基础上也有一些微变，主要体现在七个方面：① 门的尺寸，一般宽大于1.4米，高大于2.5米，徽州、苏州一带传统合院民居条石门框大门的宽度一般不超过1.2米，高度接近，但有些早期石库门住宅门的尺度比较小。② 不设副檐，苏浙传统民居大多有副檐。③ 楼层高差较小，而江南传统民居楼层高差较大。④ 客堂为闭厅，设落地长窗，徽州、浙东、浙西的传统民居都为敞厅。⑤ 早期石库门为立帖式或立帖式与抬梁式结合的结构，房屋梁柱木作简单，没有其他复杂的构件，而传统民居梁柱木作相对复杂，大宅更甚。⑥ 除少数早期案例外，石库门住宅的外墙都开窗且较大，有的外装百叶窗或遮阳木板窗，而晚清之前江南传统民居的外墙仅开小窗甚至不开窗，之后虽有所加大，但尺度仍较小，只有徽派民居坚持传统，仍为小窗。⑦ 石库门住宅屋面呈直线，传统民居屋面基本呈曲线。

现在，后天井有一层附房的早期石库门住宅在石库门里弄中已难以见到，特别是高墙围合的石库门住宅更为少见，而在老城厢还可以找到极少的个例（注：指笔者2019年拍摄前），虽然建造年代不能确定，但具备了早期石库门建筑形态的基本条件。

早期石库门住宅的厢房如果是单坡，那么山墙的高度相当或高于等于正屋或厢房屋脊（高于者为马头山墙或观音兜山墙），院墙稍低或同高，形成四周高墙围合的封闭性住宅，外围有的不设窗，从功能上来说是防盗，从社会心理上来说是不透聚财，这与江南民居特别是徽派民居的建筑理念吻合，也与实例吻合。如篾竹路194弄，高墙围合无窗（照片上看到的窗应该是后开的），两个三合院并联，有前通道及过街楼。据一位1947年出生的原住民介绍，此屋2号（左侧）是他祖父向原业主购入的，披屋后来被他家改建成砖混结构的后屋及晒台，水井也填埋了，1号披屋和水井仍在，但有改变。据他回忆，祖父说过，当时这里还有河道，附近一座石库门房屋是一个米仓（疑为篾竹路204弄1号，大门尺度大，门框用料粗，有包铁皮大门）。有运粮船驶入附近小河泊岸搬粮食入库。篾竹路近小石桥街，1913年没填浜辟路前，薛家浜连接乔家浜，在小南门附近有水闸，可行人，称小闸桥，所以当时有河道是可以确定的。按此说及述者年龄推算，此屋或建于晚清。如厢房为双坡，因为排水处理较难，石库门住宅一般没有高墙围合，但有的外墙仍无窗，是为安全，如东江阴街37弄仁寿里，也是两个三合院并联，附房为单层双坡顶，大门为木过梁加发券，是早期石库门一种简陋的做法。之后，随着人们居住理念的改变和地方治安情况的改善，高墙围合被弃用，且大多采用双坡厢房以增加房间宽度，提高居住的舒适性。为增加采光，前天井院墙改矮，一般低于屋檐在二层窗下槛处，山墙开窗。之后，披屋上搭建木结构晒台，到了中后期，设亭子间、晒台，粉墙改成了清水墙，建筑结构、建筑形态都有了一些改变，但仍然没有摆脱封闭式天井民居的传统格局。

早期石库门住宅中还有一种四合院+披屋的形式，上海最早的石库门里弄之一宁波路兴仁里内有多幢是四合院式，这种形式在江南传统民居中甚为少见。宁波路一带清末民初为金融街，兴仁里的房子全部为市房，四合院形式的石库门房间多，进门后墙门间两侧就可设柜，利于商业用途。

箅竹路 194 弄三和里

1

2

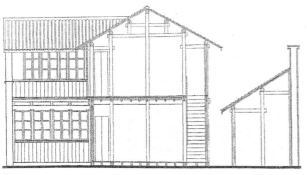

3

4

1　篾竹路 204 弄 1 号
2　东江阴街 37 弄仁寿里
3　早期石库门剖面图 a
4　湖州南浔金氏祖宅（清中期，与早期
　　石库门建筑平面相似）

1 金家坊 270 号
2 梧桐路 15 号 五开间
3 静修路 79 弄 6、7 号三乐里（屋面换了机制红瓦）
4 早期石库门剖面图 b
5 慈溪鸣鹤（与早期石库门建筑平面相似）
6 天灯弄 22 号
7 宁波海曙区（传统四合院民居）
8 吾园街 133 号鸿运里

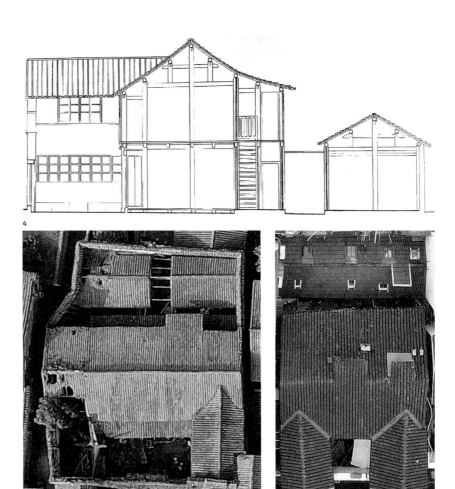

4

5

6

· 四合院式早期石库门

7

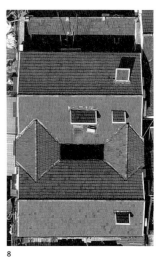

8

地域文化的影响

陈从周在《中国民居》卷首语中说："中国建筑是一个大棚，在大棚中分隔产生了各种形式的建筑，民居亦是如此。我国历史悠久，幅员辽阔，民族众多，信仰不一，兼以风俗习惯差异，地形地貌不一，气候有差距，建筑材料亦复各地不同，由此形成各种民居的地方性与特殊性。而在一定经济基础和物质技术条件下，最起主导作用的，应该说是文化。如宗法思想对民居的形式、平面组合、施用色彩以至细部装饰等方面，都起了作用。士族社会影响了里坊街巷之组合。至于宗教信仰、地方风俗文化等，亦使民居更加丰富多彩。所以我一再提出，建筑史是文化史，民居建筑也是文化。"

从地理位置来看，上海地处长江和钱塘江出海口，与江苏浙江接壤，沿黄浦江、长江可达苏南、皖南、扬州；吴淞江（含苏州河）西接姑苏内溯太湖；钱塘江则通嘉兴、杭州、浙中、浙西和徽州；邻近的京杭大运河使得上海可以与常州、无锡、苏州、嘉兴、杭州、绍兴及宁波连接在一起，从海路则可抵宁波，这就是江南大文化圈的范围。古代的交通工具主要是船，旧时上海老城厢也是富庶的江南水乡，水网密集，素有"有舟无车泽国"之称，有侯家浜（今侯家路）、黑桥浜（今福佑路）、方浜（今方浜路）、中心河（今河南南路一段）、半段泾（今蓬莱路一段）、肇嘉浜（今复兴东路）、乔家浜（今乔家路）、薛家浜（今薛家浜路）及陆家浜（今陆家浜路）等。水以兴市，水以兴港，人与物通过水路得以流动，而人与物的流动必然带来文化的交流和融通。明清时期，江南经济高度发达，吴文化、越文化、徽文化与上海的交流互动越发频繁。

文化的内容包罗万象，择而简述之。

（1）以画坛说，明代的松江府作为江南"八府一州"之一，大家云集，代表人物有本地画家董其昌，董其昌接过"吴门画派"（吴门四大家为沈周、文徵明、唐寅和仇英。）的旗帜，引领身后近四百年画史（凌利中：重看上海千年书画）。又如以浙江为领袖的明末清初之新安画派，深刻影响了近代黄宾虹、张大千、刘海粟和赖少其等大师（古新安包括古徽州严州大部）。扬州在文化意义上也属于江南，起源于清中叶的"扬州八怪"对于海上画家有着师承的渊源。清末的虚谷（安徽歙县人，居江苏扬州。）、蒲华（浙江嘉兴人）、任伯年（杭州萧山人）、吴昌硕（湖州安吉人），后三人都寓居上海，被称为"海派四杰"。文人必不可少的文房四宝，徽州、湖州、苏州之各地名家在上海落地生根，其中苏州的老周虎臣笔庄在清同治元年在上海设老周虎臣笔墨庄，徽州的曹素功墨庄在清同治三年把墨庄迁到上海。

（2）以戏曲说，绍兴之越剧、苏州之评弹百多年来一直是上海人喜欢的剧种，欲成大咖必来上海；昆曲、锡剧、黄梅戏、宁波滩簧和绍兴大班等也在上海一显身手，江南文化中的雅与俗、精致与诗意在各路戏曲中表现得淋漓尽致（京剧是最有影响力的戏曲，但徽班进京后徽戏衍变了京剧，用京腔，属于北方戏曲）。

（3）以饮茶说，中国人喝茶既是一种习俗，也是一种礼仪，一种文化，陆羽隐居苕溪（今浙江湖州），撰《茶经》三卷，提出"为饮，最宜精行俭德之人"，把饮茶提高到了精神层面。江南盛产名茶，苏州洞庭碧螺春、杭州西湖龙井、徽州黄山毛峰向为中国名茶之冠。上海经营茶业者以徽州人居多，清道光年间已有茶庄 20 多家，规模较大的有程裕新（创始于乾隆年，在小东门咸瓜街）、汪裕泰（创始于咸丰元年，在老北门）等 4 家。宣统年间，上海茶庄有 50 多家，大部分集中在南市一带，清乾隆十九年（1754年）徽州、宁国茶商组建的徽宁会馆是上海最早的茶叶同业公会。喝茶离不开茶馆，上海的茶馆始于清咸丰年间，盛于清同治年间，老城厢城隍庙附近茶馆云集，最有名的自然是湖心亭，清末著名小说《海上繁华梦》的作者海上漱石生，曾经居住在南市，闲来无事，经常品茗于湖心亭，曾为湖心亭茶楼撰写过一首脍炙人口的诗："湖亭突兀宛中央，云压檐牙水绕廊。春至满阶新涨绿，秋深四壁暮烟苍。窗虚不碍兼葭补，帘卷时闻荇藻香。待到夜来先得月，俯瞰倒影入银塘。"茶馆不仅是人们品茶、闲聊、议事和谈生意的地方，也是戏馆的延伸。上海最早的戏园三雅园创建于清咸丰元年（1851年）〔一说清道光三十年（1850年）〕，初设于原上海县署东首（今老城厢学院路四牌楼路口），既是戏院也是茶馆，专演昆曲小戏，但大多数茶馆以演评弹为主，茶馆就是评弹艺人最初的演出场所。后来，又有了书场式茶楼，如城隍庙内春风得意楼，茶馆成了江南戏曲文化的交流场所。

（4）以宗法思想和风水理论说，徽州地区最为崇尚。宗法思想的因袭，使得徽州一带祠堂众多。祠堂有总祠支祠之分，祠堂建筑比民居建筑要气派得多。民居的分布以祠堂为中心，又以家族为纽带，形成家族聚落，而聚落中的居所又以地位决定其建筑规模、山墙、门的形式和装饰，如马头墙分阶，阶数越多，地位越高，大门则八字大门高于普通墙门。又以辈分及男女尊卑布置房间格局，以三开间为例，中间明间为厅堂，两边为次间，按东为上，西为下的理念，故父母住东房，子女住西房，楼上正间为祖堂，二进以上房屋则女眷住后院，女性的活动范围被限制在后院以内。堪舆即风水。堪，天道；舆，地道。风水是中国古代的建筑理论，主张"天地人合一"，是中国传统文化的重要组成部分，用以指导建筑空间的

营造，包括室内空间和室外空间，宅讲究方位，村落讲究环境。徽州传统建筑对风水理论极为尊重，如宏村的选址背山而面水，负阴而抱阳，房屋朝向大多为西南，因为西南为气口，即山脉的凹口。特别是其循环水系的规划建造，以西溪为水口，村内水圳九曲十弯，穿堂过屋，经月沼最后注入南湖，堪称古代生态建设一绝。此外，徽州民居空间特征的经典之一是在天井中开凿水池或者口字形水渠，既为排水，又蓄财气，此种做法也影响到浙西地区。清道光高见南编纂的《相宅经纂》卷三《天井》曰："凡宅第内厅外厅，皆以天井为明堂，财禄之所……房前天井固忌太狭致黑，亦忌太阔散气。宜聚合内栋之水，必从外栋天井出，不然八字分流，谓之无神。必会于吉方，总放出口，始不散乱。"上海靠海，属于海洋文化，比徽州的内陆文化富有开放性、包容性和开拓性，所以在民居建造上受约束较少，形制上要比徽州丰富得多，但仍然不能完全摆脱宗法思想和风水理论的影响。如独栋独户的石库门住宅仍以辈分分别居住，长辈住前楼，后辈住厢房。又如汉代开始便流行"商家门不宜南向，征家门不宜北向"（陈从周等著《中国民居》）。所以王家码头路沙船商沈义生宅坐西朝东，寓意舟舶面向大海。最典型的例证是中山南路棉阳里、

中山南路敦仁里、棉阳里、吉祥里

吉祥弄，绝大多数房屋都是坐西朝东或坐东朝西，因为当时这一带石库门都用作市房，大多开设钱庄、银楼、商号、旅馆，印证了商家门不宜南向。

（5）以社会心理说，自给自足的农耕文明造就了汉民族封闭、保守、内向的特性，由此形成的封闭式院落民居在中国延续了几千年，即使是近代的石库门里弄仍然延续了这种封闭式的格局。

（6）以审美观说，江南民居基本上就是水乡民居，一条市河，几条支河，沿河形成线型或不规整网格状的民居聚落，水孕育出的江南文化在传统民居风格上表现出了柔美、淡雅、流畅的特点。粉墙黛瓦是江南民居带给人们的第一印象，粉即为白，黛即为黑（青黑），白与黑被称为无色之色，是江南民居在色彩上的建筑语言，朴素而不张扬，诠释了水墨江南的含义，与青山绿水、桃红柳绿搭配，其意境绝美，早期石库门住宅在色彩上的基调与江南民居一脉相承。

（7）以营造说，香山派工匠明代之前已经进入上海，全国重点文物、老城厢内著名的豫园和沉香阁就是香山派匠人的杰作（据《中国国家地理》）。宁波帮、绍兴帮、东阳帮和徽帮工匠也从清代进入上海，带来了各地的营造工艺技术和建筑样式，其中宁波帮在清道光三年（1823年）成立水木作公所，是上海最早出现的营造行会组织，参加公所的除了甬籍工匠外还有上海、绍兴籍工匠（娄承浩 薛顺生《上海营造业及建筑师》）。上海开埠后，从事营造业的工匠激增，尤以江浙地区农村工匠为多，而浦东帮的发达则是在清光绪以后了。各路营造商和工匠集聚上海，对上海石库门住宅的建设必然带来一定的影响。

文化的范围当然远不止上述几个方面，但文化的各个门类是相通的，之所以列举，一方面说明了如绘画中的虚和实，戏曲唱腔中的直白和含蓄与建筑营造的手法相仿，而茶文化中说的"品"在建筑营造上可以认为是一种审美评价。另一方面则说明了是吴越文化熏陶了上海，上海一直浸润在江南文化之中，而上海对于外来文化包括建筑文化也一直是包容、开放、吸收和互动的。正是在这样的前提下，上海石库门住宅中体现出了鲜明的江南传统建筑风格是顺理成章的。

从上海的行政区划历史沿革来看，唐天宝十年（751年）设华亭县，属吴郡，上海境内始有相对独立的行政区划。北宋熙宁十年（1077年）之前，上海务作为华亭新兴的商业集市崛起，名列秀州（今嘉兴）十七大酒务之一。南宋嘉定十年（1217年）设嘉定县。元至元十四年（1277年），华亭县升为华亭府，设崇明州，隶扬州路。翌年，华亭府改称松江府，辖华亭县。元至元二十八年（1271年）成立上海县，上海从此成为一个县级独立的行政单位，与华亭县同属松江府。明嘉靖二十一年（1542年）成立青浦县。清顺治十三年（1656年）置娄县。清雍正初年设宝山县，与嘉定、崇明同属太仓州，又设奉贤县、金山县、南汇县。清嘉庆十年（1805年）设川沙抚民厅。至此，上海境内有松江一府下辖华亭县、上海县、青浦县、娄县、奉贤县、金山县以及川沙抚民厅，此外，加上太仓州州辖嘉定县、崇明县、宝山县，形成了境内"十县一厅"的行政格局，一直维持到近代（据上海历史博物馆）。松江府"取吴松江而名"，原称"吴地松江"，至宋始称"吴松江"，明清称为"吴淞江"，明属南直隶（京师南京），清属江苏省，1912年废。由此可见，上海与江苏的关系更为悠久和密切。在建筑文化上同样如此，以苏派风格为主的民居一直是近代以前上海的主流民居，如乔家路的宜稼堂郁宅、最乐堂乔宅、天灯弄的书隐楼郭宅。毫无疑问，苏派风格的传统建筑也必然对上海石库门住宅的建造带来重要影响。

移民和商帮的作用

从江南各地传统民居建筑形制的互相借鉴和建筑元素的互相渗透以及石库门住宅对江南传统建筑元素的汲取可以看到,一地主流民居的形成并不一定源于本土民居,往往和移民有关。

在我国历史上,曾有过多次由中原向南方的大移民。之后又有明代于洪武二年(1369年)开始到永乐末年从山西大规模的强制性移民,移民总数超过百万,迁入十八个省市五百多个县,包括江南地区之皖苏。如徽州人就是由中原移民过来的,本地土著叫山越,因为徽州是山区,土地资源稀缺,所以都盖楼房,又因多山盗,遂砌四面高墙。所以,遍布皖南地区的徽派民居并非土著的居住形式,而是中原建筑文化反客为主,融合了山越原住民干栏式建筑后的重构。还有所谓客家就是历代的移民,集中在广东、江西、福建、广西、四川、海南、湖南及浙江,他们在各地形成了各自的文化,包括民居建筑。如福建永安南靖一带土楼的兴起,是唐宋以来南迁的客家人面对闽南人与潮汕人的族群争斗、盗贼的横行,史称"寇盗"和"匪患",为了家族的长居久安,沿袭中原的夯土建筑形式,结合当地的地理环境,就地取材,建造出了具有防御功能聚族而居的土楼,高可达五层。又如梅州客家,因为地处沿海,所以民居形式也以防御为主,创建了围拢屋。甚至远在西部的贵州黔东南苗族侗族自治州锦屏县有一座古城叫隆里,包括民居在内的建筑是加入了当地民族元素的徽派风格,原因是明洪武至永乐年间有数万徽赣一带汉人被迁徙至那里屯兵戍边。上海开埠后,洋人移民,租界建造了大量各国风格的洋房,西风东渐,不管是租界还是华界都出现了有西洋元素的传统民居和石库门住宅。

福建南靖田螺坑土楼(清康熙—民国)

1 赣南龙南客家围屋（冷月印记摄）

2 贵州隆里

从历史上看，江南民居既是南北方民居形式的融合，这主要是从西晋的永嘉之乱到唐末黄巢之乱再到北宋的靖康之乱，中原宗族南迁的结果；又是苏浙皖之间民居形式的融合，这主要是战乱和经济活动促使民众迁徙的结果。诚如朱熹所言"靖康之难，中原涂炭，衣冠人物，萃于东南"，这使得江南既有了雄厚的经济基础和杰出的人才，又有了中原文化的强大渗透，在这种背景下，江南民居的样式显得更为丰富多彩。

上海是中国最大的移民城市，不过，大规模移民是在开埠之后，从 1885 年到 1935 年，公共租界非沪籍人口所占比重始终在 78% ～ 85% 之间，平均为 82%；而华界在 1929 年到 1936 年的非沪籍人口所占比重则在 72% ～ 76% 之间波动，平均为 74.2%（忻平《从上海发现历史》）。老城厢曾迎来两次人口增长高潮，第一次是太平军东进引起的东南难民潮，第二次是城市发展而引起的外来劳力潮。时人称："上邑濒海之区，南通闽粤，北达辽左，商贾云集，帆樯如织，素号五方杂处。"刻于道光十九年（1839）的《沪城岁时衢歌》中提到"黄浦之利，商贾主之。而土著之为商贾者，不过十分之二三"。可见从开埠前到开埠后，上海一直处于土弱客强的状态，而所谓客强，实际上就是各路移民中的商帮，各路商帮对近代上海建筑的发展起到了巨大的作用。

1）徽帮

徽商之历史可追溯到东晋，清末和近代上海的徽州移民在人口上不占优势，但徽人多为生意人而非劳力，包括建筑在内的文化传播不单在于移民数量，更在于经济上是否处于强势。徽商自明代成化弘治年始沿着新安江、富春江、钱塘江大规模进入苏南（江宁、镇江、常州、苏州、太仓、松江）、浙西（金华、衢州）、浙北（杭州、嘉兴、湖州）、淮扬地区以及芜湖、安庆、武汉等沿长江城市，即所谓的大徽州，有"无徽不成镇"之说，其盛于清乾隆而衰于晚清。清咸同年间太平天国进攻皖南又使得大量富商逃到苏州、杭州、上海地区，胡适说过："应该注重邑人移徙经商的分布与历史……如金华、兰溪为一路，孝丰、湖州为一路，杭州为一路，上海为一路。"据明万历年《云间杂识》记载，早在明成化年间"松民之财，多被徽商搬去"。文中"松"指松江府，徽商在沪的活动区域大多在松江、嘉定，其时上海县尚属松江府管辖，但徽商在清乾隆十九年（1754）已在老城厢大南门外建立了上海最早的地方会馆: 徽宁会馆(指徽州和宁国，名"思恭堂")，"沪邑濒海，五方贸易所趋，宣歙人尤多"（思恭堂缘起碑）。此后，入沪徽人接踵不绝，荟萃于城邑。

上海开埠后的巨大商机使得进入上海城邑的徽商在盐业、木材、典当、茶叶、绸布、棉花和米业等行业大显身手，甚至涉足海运和海上贸易，由此成为推动上海城市经济发展的重要力量。经济上的地位必然带来文化上的影响，明清时期的建筑，苏南、淮扬乃至浙赣地区无不受徽派建筑文化之影响。

福佑路 86 弄徽宁里 13-15 号

单坡厢房的产生除了"四水归堂"的理念外，从实用价值上说是因为山墙可以砌到厢房屋脊以上，既可起到防盗作用，向天井倾斜的单面坡又利于排水。但厢房为双坡的民居如果要建高围墙，那么靠围墙的屋檐外侧要解决排水问题只能留出空间或作其他处理，如上海老城厢书隐楼的做法，厢房靠围墙侧设小天井排水，但小型民居不可能采用这种既占用空间又费财费力的做法。所以，早期石库门有许多仿照徽派民居形制，采用单坡厢房就是为了建高墙以防盗。福佑路有一条里弄叫徽宁里，为徽州及宁国人氏所建，里面就有一栋高墙围合的二进形单坡厢房大宅。早期石库门住宅中马头山墙的原型也源于徽派建筑，从清《点石斋画报》中石库门住宅马头墙的样式来看，为印斗式，多见于徽州地区（马头山墙在 20 世纪五六十年代房屋大修中几乎全部拆除）。

2）甬帮

《点石斋画报》中早期石库门的马头墙

开埠后在上海发迹的甬商、苏商、粤商中，不得不提的是甬商对上海经济文化社会乃至民居建筑的影响力。甬商又称宁波帮，民间有"无甬不成市"的说法，光绪年间一个英国商人在其一篇报告中说：在当时的上海，忙忙碌碌的只有两种人，一是外国人，二是宁波人。甬商大多白手起家，其成功在于"坚韧不拔""中外并蓄""与时俱进"，在于把迁徙地看作自己的家乡而辛勤耕耘，因而在金融、航运、制造业、五金、药房、颜料和绸布等行业及中外贸易中具有举足轻重的地位，在各路商帮中独占鳌头。经济上的地位必然带来文化上的影响力，宁波传统民居对上海近代民居石库门形成的贡献是明显的。江南民居中浙东合院以二层楼居为多，由慈城现存古民居中可以看到，从明嘉靖年开始一直清末，合院民居的厢房都是双坡屋顶，也没有高墙围合。另外，甬商对西方文化的认同以及宁波民居对西方建筑的兼收并蓄，给石库门住宅带来了新的建筑风格。

南京东路 799 弄大庆里

宁波博物馆编撰的《近代宁波帮建筑研究》指出："因为宁波移民在上海处于强势地位，因而得以将宁波的生活方式、文化习俗，包括语言和建筑带到上海。宁波红沙石是上海早期石库门的主要材料，它跟随近代建筑业到了上海，并带去了石库门的形式和工艺。因此也可以认为宁波近代民居是上海石库门建筑最主要的来源之一。"这一说法并非空穴来风，因为宁波的传统合院民居大多是二层双坡厢房条石门框大门，宁波江北区、海曙区是近代传统民居的集聚地，宁波三江口一带的早期石库门住宅已经带有巴洛克元素，在建筑形态上也有许多是上海未见的。"皇家库门有来头，石头库门百姓楼。苍苍白发老宁波，哪个不曾楼上走。"这是旧时流传于宁波老外滩江岸一带的民谣，这个百姓楼就是石库门住宅，是近代宁波人的主要居住建筑之一。宁波人所称"一横两纵前后明堂"，一横即正屋，两纵即厢房，明堂即天井，这种H平面形态的房屋是宁波传统民居最典型的式样，同样也是上海石库门最典型的式样。宁波传统民居和石库门住宅中有一种厢房与正屋不完全搭接的形态，这也出现在上海的石库门住宅中。宁波传统民居带肩观音兜更是较多沿用在上海石库门住宅的山墙上。

宁波籍商人对上海的石库门建设有着很大的影响力，如鄞县周莲塘及其子周湘云、周纯卿在上海建有大量石库门里弄，弄堂名中都有"庆"字，如厦门路衍庆里为周湘云所建，茂名北路德庆里为周纯卿所建。在原大新公司现第一百货对面周纯卿所建的南京东路 799 弄大庆里，旧照中可见山墙都为宁波式带肩观音兜，而周家在鄞西凤岙的老宅也为带肩观音兜山墙，一脉相承。华界最早的石库门里弄之一位于老城厢中山南路的敦仁里是镇海方家安康钱庄的地产，吉祥里是由镇海人沙船业主李也亭所建，里面的居民以宁波籍为多。吉祥里 5 号为七开间石库门，下檐施象鼻状斗口跳（宁波称猫拱梁），两侧次间减宽设廊道，后部均设楼梯通二楼，宁波人称之为"七间二弄"。合院民居设"弄"（正屋与厢房间廊道）是宁波传统民居和宁式石库门常见的做法，以"五间二弄"为多。以常青为顾问的同济大学传统建筑测绘队在《董家渡地区石库门民居测绘图集》一书中认为："敦仁里的建造年代应该是三组里弄中最早的，它的单元空间布局和建筑装饰与传统的江浙民居有较多的相似之处。"

3）苏帮

苏商以苏州洞庭帮为代表，其定居洞庭东西两山，实为宋"靖康之难"南渡之贵族在经济繁华的姑苏觅得的可避兵患的栖身之地。至明代，洞庭帮已进入松江府之华亭、朱泾、朱家角，以贩运棉布为业。明代著名文学家冯梦龙曾评价："话说两山之人，善于货殖，八方四路，去为商为贾。所以江湖上有个口号，叫作'钻天洞庭'。"算来，有这一称法当不迟于17世纪前期（明代天启年间）。近代江苏移民在上海移民中的比重最大，虽大多为苏北劳力，但上海开埠以及太平天国进攻江南使得苏州富绅巨商争相趋沪，因离上海近，得地理语言之优势，至19世纪八九十年代声名鹊起，在航运业、制造业、对外贸易和金融业等都有重大建树，奠定了苏商在上海在举足轻重的地位。苏南移民对于上海石库门建设的作用同样不能小觑，如著名的张园中的永宁巷石库门里弄、石库门大宅"东吴世泽"、黄陂南路的梅兰坊等都是苏商投资建造的。其中仅苏州贝氏家族就投资建设了多处石库门里弄，如颜料商人贝润生与弟贝秋生在民国二十年（1931年）建造的位于天潼路727弄、759弄的泰安里就有房屋188幢（单元）。令人瞩目的是，大世界的设计者，常州武进人周惠南亲自设计了山海关路306弄山海里，并住在弄内23号。这些石库门里弄除了带有西方建筑元素外，无不带有中国江南传统建筑元素。

从上海现存传统民居来看，在历史沿革、地域交叠和文化辐射三重因素影响下，基本上是以外来的苏派风格为主的建筑形制，如清乾隆年书隐楼、最乐堂，清道光年宜稼堂等，应该是香山帮匠人的作品。上海石库门住宅也明显带有苏派民居的一些特点，其一为门，包括大门和仪门；其二为带漏窗的院墙；其三为裙板栏杆和隔扇门窗；其四为廊轩（翻轩）；其五为多进大宅。多进民居是苏派建筑的一大特色，除老城厢外，原租界地区石库门里弄内也有多进形态的石库门住宅，如黄浦区建于1876年前（一说建于1852年）位于广东路300弄的公顺里17号，建于1907年位于浙江中路607弄的洪德里13号，各有一座是二进大宅，有四个天井且有仪门。公顺里那座石库门住宅经民国和20世纪五十年代的两次改造，原貌已不复存在；洪德里那座石库门住宅原貌犹存，航拍图上仪门位置清晰可见。北京西路364弄陇西里李宅是一座体量大、形制规整的三进石库门大宅，进与进之间有隔墙仪门，形成六个天井，甚为罕见，除进与进的厢房之间建有晒台外与苏派多进传统民居极其相似。嘉定古称"疁"或"疁城"，从唐代直至民国，一直属于苏南昆山或太仓。据戴郭君博士的调查访谈，陇西里李宅为嘉定疁南李氏四世李少筠建于1920年前后。巧的是，老城厢的几座多进石库门大宅其业主也多是苏南人士，如北孔家弄65号、73号业主吴氏为苏州吴县人，梧桐路121号业主袁氏为苏州籍，那么，这些石库门大宅呈现出了苏派多进建筑形态也就不奇怪了。

上海里弄民居内的联立石库门住宅一般都是横向毗连的，但也有少数早期石库门住宅是纵向毗连，这种平面形态的出现可能也是受苏派多进民居的影响，苏派多进民居最多可达九进。因为是多单元毗连，正立面没法设门，所以都是侧入门，开设在厢房或天井侧，而苏派合院民居中的侧入门也是很常见的。其中，延安东路158弄长耕里屋顶为四坡顶，类似庑殿顶，但屋顶没有曲面，只能说有相似性。

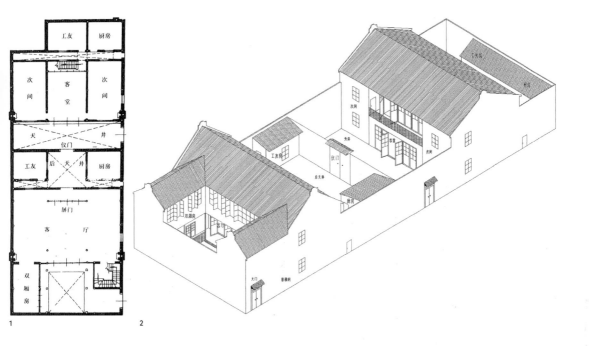

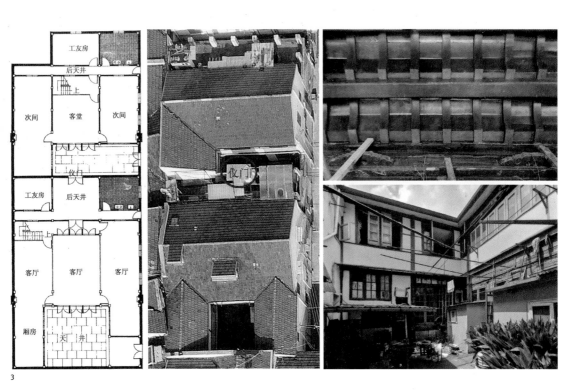

1　广东路 300 弄公顺里 17、19 号
　　平面图（朱亚夫 娄承浩《上海绞
　　圈房揭秘》）

2　复原示意图（夏雨绘）

3　浙江中路 607 弄洪德里 13 号（平
　　面图沈华《上海里弄民居》）

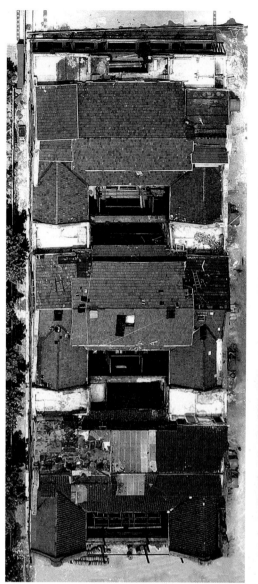

1

2

1 北京西路 364 弄陇西里李宅（三进六天井）
2 大门立面（刘刚摄）
3 第二进仪门正立面（寿幼森摄）
4 第一进仪门背立面，上部装饰已损毁，底
  座为须弥座（寿幼森摄）
5 广东路 300 弄公顺里
6 浙江中路 607 弄洪德里

3

4

5

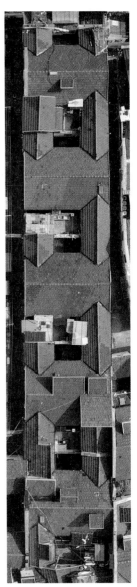

6

1 延安东路 158 弄长耕里
2 嘉善俞汇乡俞南村唐宅（落厍屋四合院）

结语

大量实例足以证明，上海石库门住宅脱胎于江南民居，是在江南传统民居的各种建筑形态、构造和建筑元素中不断传承、借鉴、融合、改良和演变中形成的而并不局限于一地民居或一类民居。事实上，每一种历史民居形制的成因都不可能局限于某种单一民居。近代以来，江南各地民居的传统形制逐渐弱化，建筑风格的地域边界也变得模糊，最典型的例子是苏州的盛泽和上海的新场。开埠以来，上海海纳百川，中西融合，形成了多种样式的民居，包括石库门住宅。可以认为，早期单栋石库门住宅（包括一个单元和联立的数个单元房）应该是中国人自己的原创，而石库门里弄是肇始于英国地产商把中国江南民居的形制与英国联排住宅样式结合后的产物，这标志着一种新的近代城市住宅的诞生。作为一个演变过程，石库门住宅最早出现的年代和区域事实上是难以考证的，但其从单体发展到里弄，从老城厢的无序建造到租界的有序发展，从非主流发展到主流，民国时期在上海郊区、江苏、浙江甚至江西、湖北都有建造，在宁波城区甚至也成为主流住宅，说明了上海石库门住宅对近代民居的重大影响力。

说明：一，因为航拍的角度关系，少数房屋的形态会有变异。二，对于石库门住宅的辨认，由于主要依靠航拍图像和民国期间出版的《上海市行号路图录》比对，而彼时老城厢许多地区的房屋已被征收，无法进入实地观察，且许多老房子的仪门、封火墙、围墙及其他构筑在历年大修中早已被拆除，屋顶瓦片及房屋墙面都有改变，所以，对于三合院和四合院形式的房屋到底是石库门住宅还是江南传统民居，辨别的难度很大，因此，个例可能会有误判，门牌号码也会有误。对苏州、宁波有石库门住宅的地区，仅靠航拍照片，二者也有可能误判。三，老城厢石库门住宅没有的个例，以其他区的替代。四，为便于读图，部分房屋的朝向作了调整。

后记

本书承蒙娄承浩先生审阅，并得到了田汉雄先生，徐静博士，苏州大学倪浩文老师，苏州市盛泽镇沈莹宝先生、夏金荣先生，宁波市文物管理研究所黄定福先生，慈溪市鸣鹤古镇楼迪国先生等的帮助，在此表示感谢。由于成书期间正逢新冠肺炎疫情，给江南古村镇的拍摄带来困难，书中有些照片由朋友提供，个别历史建筑照片下载于互联网（图片已注明来源，如有著作权问题，请与作者联系。），在此一并向作者致以谢意。

因为以往的石库门著作只说石库门里弄，极少涉及石库门单体，溯源问题也没有专著，缺乏学习参考资料，而笔者只是一个历史建筑爱好者并无专业底蕴，所以本书只是一家之说，错误在所难免，祈望读者指正。

作者邮箱：xzwj2000@126.com

图书在版编目（CIP）数据

石库门与江南民居：上海石库门传统建筑元素探源 /
陆中信著 . -- 上海：同济大学出版社，2024.7
　ISBN 978-7-5765-1097-3

Ⅰ.①石… Ⅱ.①陆… Ⅲ.①里弄－民居－建筑艺术
－上海 Ⅳ.① TU241.5

中国国家版本馆 CIP 数据核字 (2024) 第 108261 号

石库门与江南民居
上海石库门传统建筑元素探源

SHIKUMEN AND JIANGNAN TRADITIONAL HOUSES
A Study on the Traditional Architectural Elements of Shanghai Shikumen

陆中信　著

出 品 人　金英伟
责任编辑　姚烨铭
责任校对　徐春莲
装帧设计　张　微

出版发行　同济大学出版社 www.tongjipress.com.cn
　　　　　（地址：上海市四平路 1239 号　邮编：200092　电话：021 - 65985622）
经　　销　全国各地新华书店
印　　刷　上海丽佳制版印刷有限公司
开　　本　787mm×1092mm　1/16
印　　张　15.5
字　　数　310 000
版　　次　2024 年 7 月第 1 版
印　　次　2024 年 7 月第 1 次印刷
书　　号　ISBN 978-7-5765-1097-3
定　　价　136.00 元